제2판

Cafe & Barista

바리스타와 카페창업을 꿈꾸는 분들의
기본 지침서

카페 & 바리스타

이용남 지음

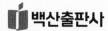
백산출판사

커피의 유혹… 일상이 되다

아침마다 식사는 거르셔도 꼭 믹스커피 한 잔을 볼품없는 양은그릇에 담아 드시던 어머니. 그 모습이 어린 나에게 호기심으로 다가왔다. 어머니가 일을 나가셨을 때 몰래 맛본 커피 한 잔. 달달한 군것질이 절실하던 나에게는 공짜로 맛볼 수 있는 행복한 순간이었다. 다음날 아침 어머니께 "나도 밥 대신 커피 마실 거야"라고 했다가 꿀밤과 함께 꾸중을 듣게 되었다. "머리 나빠져서 안 돼." 그런 음료를 당신은 마시면서 나에게는 마시지 말라며 혼내시는 어머니가 이해는 안 됐지만 꾸중 듣는 게 싫어 더 이상 조를 수 없었다. 그런데 계속해서 생각나는 그 달달한 맛 그 유혹에 나는 어머니 몰래 한 잔씩 마시게 되었고, 줄어드는 커피로 인해 눈치 채신 어머니에게 한 번 더 꾸중을 듣게 되었다. 그 다음은 한 봉지를 몰래 가져가 물에 타지 않고 조금씩 가루를 손바닥에 뿌려 여러 번 나눠 먹게 되었다. 라면스프의 자극적인 맛과는 비교할 수 없는 달달한 유혹이었다.

성인이 된 나는 가장 먼저 커피숍에서 아르바이트를 시작하게 되었다. 믹스커피와 커피포트를 이용한 원두커피가 유행하던 때였다. 커피숍에는 테이블마다 전화기가 한 대씩 놓여 있었다. 삐삐(호출기)로 커피숍 전화번호와 테이블 번호를 남기면 테이블에서 연결해 준 전화를 받아 통화할 수 있었다. 그때 젊은 친구들에게는 믹스커피보다 머그컵에 담겨 나오는 원두커피가 유행이었다. 지금의 드립방식 커피이다. 원두커피와 각설탕 한 개! 믹스커피와 달리 프림이 들어가지 않은 깔끔한 단맛의 유혹이었다.

  시간이 더 흘러 이성에 대한 관심이 최고조에 달할 때 찾게 된 이대(이화여자대학교)거리. 대한민국 예쁜 여자들은 모두 여기 모여 있다고 믿었던 시기에 남자들한테 이대에 옷 사러 가자는 말은 예쁜 여자 보러 가자는 뜻이었다. 길에서 만난 이상형의 여자를 무작정 뒤따라갔다. 낯선 이름과 생소한 스타일의 커피숍으로 들어갔다. 앉아 있으면 물을 가져다주고, 주문을 받아야 한다고 생각했던 나는, 카운터로 가서 주문하는 이상형의 여자가 점점 시야에서 사라지고, 걱정이 앞선다. '어떻게 주문하는 거지?' '뭘 마셔야 하지?' 내가 아는 커피는 없었다. 이상형의 여자를 오래 보기 위해 따라간 커피숍에서 그 여자는 이제 안중에 없고 지금의 현실에 난감해 하고 있었다. '가장 저렴하면서 첫 번째에 있는 메뉴를 시켜야겠다.' "에스프레소 한 잔 주세요!" 잠시 기다린 후 메뉴가 나왔을 때 다시 한번 당황했다. 손가락도 안 들어가는 잔 손잡이에 창피할 정도로 볼품없이 작은 잔, 한 모금이면 사라질 정도의 커피 양… 테이블 위에 놓인 커피 잔이 부끄러울 정도였다. 조금 식은 커피를 한 모금에 모두 털어 넣은 나는 뜨거움도 잠시, 쓰디쓴 커피 맛에 얼굴이 일그러질 정도의 충격이었다. 이 충격이 나에게는 커피를 시작하게 된 동기가 되었고 지금은 에스프레소 커피가 일상이 되어 기호에 맞게 에스프레소 커피를 추출할 수 있도록 지도하고 연구하는 바리스타 트레이너로 일하고 있다.

누구에게나 동기는 있을 거다. 하지만 그 동기를 지속적으로 이어나갈 수 있는 교육시스템이 뒷받침되어야 한다. 에스프레소 머신 판매업자가 기계 사용법을 알려주고, 선임에게 전수받고, 본사에서 내려오는 레시피를 교육하고 친절한 서비스 정신을 가르치는 교육이 전부가 아닌 그린빈의 종류와 특성, 생산지별 블렌딩과 로스팅, 맛을 느끼고 표현하는 커핑, 에스프레소 커피머신의 이해와 그라인더의 이해, 로스티드 커피별 분쇄 입자굵기, 맛있는 에스프레소 커피를 추출하기 위한 조건 등을 이해시킬 수 있는 교육이 이루어져야 한다.

또한 카페창업에 필요한 행정적인 절차와 사업계획서 작성을 통해 입지 선정부터 메뉴 구성 및 단가 설정, 마케팅 방법, 운영방법 등을 이해할 수 있어야 한다.

이 한 권의 책이 전부가 될 수는 없겠지만 동기를 가지고 바리스타의 길을 선택하신 분들에게 기본 지침서가 되기 바란다.

훌륭한 바리스타는 맛있는 커피를 만드는 사람이 아닌 감동을 주는 사람이다. 사람들의 입맛은 저마다 다르다. 따라서 개개인의 기호에 맞는 커피의 맛을 서비스하기 위해 노력해야 한다. 설령 그 맛이 조금 미흡하더라도 노력해 준 바리스타에게 고객은 감동받게 될 것이다.

저자 이용남(YNBarista)

차례

01

커피의 생산과 유통

커피의 생산과 유통

1. 커피의 역사

1) 커피의 발견

에티오피아의 전설 : 칼디(Kaldi)

'에티오피아 원조설' 커피는 6~7세
기경 에티오피아(Ethiopia)의 칼디(Kaldi)
라는 목동에 의해 처음 발견되었다고
알려져 있다.

염소들이 빨간 열매(berry)를 따 먹
고 흥분하여 뛰어다니는 광경을 목격

한 칼디는 자신도 이 열매를 먹어보게 되었고, 그 결과 머리가 맑아지고 기
분이 상쾌해지는 느낌을 받았다. 그는 이 사실을 이슬람 사원의 수도승에게
알렸고, 이 열매가 기분이 좋아지고 졸음을 방지해 주는 등 수양에 도움이
되는 신비의 열매로 알려지면서 여러 사원으로 퍼져 나갔다.

예멘 측 전설 : 알리 벤 오마르 알 샤딜리(Ali ben Omar al-Shadili)

'예멘 측 전설'의 주인공은 알리 벤 오마르 알 샤딜리(Ali ben Omar al-Shadili)라는 이슬람 사제이다. 오마르는 이슬람교의 일파인 수피교 사제로, 기도와 약으로 환자를 치료하는 능력을 가진 자였다. 1258년쯤 정적(政敵)들의 모함으로 예멘 모카(Mocha)항 인근 사막으로 쫓겨난 오마르는 삶과 죽음의 경계를 넘나들고 있었다. 이때 오마르는 붉은 열매가 달린 작은 나무를 보았다. 굶주림과 목마름에 허덕이던 오마르는 이 붉은 열매를 따먹었다. 그러자 신기하게도 피로가 눈 녹듯 사라지고 정신이 맑아졌다. 오마르는 이 열매가 알라(신)의 선물이자 축복이라 믿었고, 이 열매를 달여 환자들을 치료하는 데 사용했다. 오마르의 소문은 이슬람 세계 전역으로 퍼졌고, 그는 '모카의 성인(聖人)'으로 추앙받기에 이르렀다는 것이다.

마호메트(Mahomet)의 전설

이슬람교의 예언자 마호메트가 병에 걸렸을 때 병상에서 알라신에게 기도하며, 고통스러워하고 있는데 천사 가브리엘이 검은색의 음료를 가져다주었다. 이 음료를 마신 마호메트는 병에서 회복되어 말에 탄 40명의  장정을 말에서 떨어뜨리고 40명의 여자를 거느리게 되었다.

게말레딘(Gemaleddin)의 전설

약 1454년경 다란 출신의 이슬람교 율법사였던 게말레딘은 에티오피아 지역을 여행하던 중 커피의 효능을 경험하게 되었다. 그는 예멘으로 돌아와 건강이 악화되자 커피를 구해오게 하였고, 커피를 마신 게말레딘은 병에서 회복되었을 뿐 아니라 커피를 회교 율법을 공부하는 학생들에게도 권하여 그들이 밤새 졸지 않고 기도하고, 율법 공부를 하는 데 정진할 수 있도록 하였다.

아랍 여행자(Arab Traveler)의 전설

15C 중반, 한 아랍인이 에티오피아를 여행하다가 배도 고프고 피로해서 나무 그늘 한곳에 짐을 풀고 밥을 지으려 하였다. 그는 불을 피우기 위해 바짝 마른 쭈그러진 열매가 잔뜩 달린 나무를 찾아 그 가지를 꺾어 밥을 지었는데, 다 지어 먹고 나서 불에 익은 열매들이 좋은 향기를 풍기는 것을 알게 되었다. 불에 탄 열매들을 추려 하나를 깨뜨리니 더욱 많은 향기가 퍼져나왔다. 그 아랍인은 부서진 열매를 가지고 이리저리 궁리를 하다가 식수로 마실 물에 그 부서진 가루를 쏟았는데 이때 놀라운 현상을 발견하게 되었다.

부서진 가루를 쏟은 물은 마실 수는 있으나 깨끗하지 않았는데, 그 가루로 인해 물이 깨끗하게 정화되었다. 더욱 놀라운 것은 그 물의 맛이었다. 가루를 쏟은 물은 향기롭고 신선하여 기분을 좋게 할 뿐만 아니라 피로까지 회복시켜 주었다.

그 아랍인은 열매를 가져올 수 있는 만큼 모아 아덴으로 돌아와서 회교율법사에게 그가 발견한 사실들을 말하고, 이 열매를 볶아 물에 우려 먹는 방법을 보급하기 시작하였다. 그 열매로 만들어진 음료는 오랜 아편 흡연 중독자를 치료하여 건강을 회복시키는 효과도 있었다고 한다. 그래서 사람들은 그 효능에 감사하는 마음으로 그 음료를 '카후하(Cahuha)'라고 불렀는데, 이는 아랍어로 Fonce 즉, 힘과 에너지를 의미하는 단어이다.

영어 커피(coffee), 프랑스어 카페(café), 독일어 카페(Kaffee), 네덜란드어 코피(koffie), 이탈리아어 카페(caffè), 터키어 카베(Kahve) 등 세계 각국에서 커피를 지칭하는 명칭도 아랍어로 힘과 에너지를 뜻하는 카후하(Cahuha)나 와인을 뜻하는 카와(Qahwah 또는 Khawah)가 어원인 것으로 추정된다.

에티오피아어 카파(kaffa)가 커피의 어원이라는 설 역시 널리 알려져 있다. 카파가 에티오피아에 있는 지역의 이름일 뿐 아니라 에티오피아어로 '힘'을 의미하기 때문이다. 그러나 이슬람의 커피 문화가 베네치아 등 교역 파트너들을 통해 유럽으로 건너간 만큼 카와가 어원이라는 설이 더 설득력이 있다.

2) 커피의 전파

원산지 에티오피아에서는 농부들이 자생하는 커피(boun) 열매를 끓여서 죽이나 약으로 먹기도 했다. 9세기 무렵 아라비아반도로 전해져 처음 재배되었으며, 나중에는 이집트, 시리아, 터키에 전해졌다. 이곳에서는 커피 열매를 끓여 그 물을 마시거나 열매의 즙을 발효시켜 카와(kawa)라는 알코올음료를 만들어 마셨다. 이 음료는 13세기 이전까지는 성직자만 마실 수 있었으나, 그 이후부터 일반 대중들에게도 보급되었다.

이 무렵 커피는 이슬람 세력의 강력한 보호를 받았다. 커피 재배는 아라비아 지역에만 한정되었고, 커피 종자가 다른 지역으로 나가지 못하도록 엄격히 관리되고 있었다. 그러던 중 12~13세기에 걸쳐 십자군전쟁이 발발하면서 이슬람 지역에 침입해 온 유럽 십자군이 커피를 맛보게 되었다.

기독교 문화권인 유럽인들은 초기에는 커피를 이교도적 음료라 하여 배척했다. 그러나 밀무역으로 이탈리아에 들어온 뒤 교황으로부터 그리스도교의 음료로 공인받게 되었고, 일부 귀족들과 상인들을 중심으로 커피가 유행처럼 번져 나가기 시작했다.

15세기에 이르러 수요가 늘자 아라비아의 상인들은 이를 독점하기 위하여 수출항을 모카(Mocha)로 한정하고 다른 지역으로의 반출을 엄격하게 제한했다. 그러나 16세기부터 인도에서 밀반출한 커피를 재배하기 시작했고, 17세기 말에는 네덜란드가 인도에서 커피 묘목을 들여와 유럽에 전파했다.

그 뒤 유럽 제국주의 강대국들이 인도와 인도네시아 등 아시아 국가들을 식민지로 만들고 커피를 대량 재배하면서 전 세계에 알려졌다. 커피나무가 세계로 퍼져 나가면서 인도, 서인도제도, 중앙아메리카, 그리고 에티오피아의 바로 이웃나라인 케냐, 탄자니아 등에서도 광범위하게 재배되었다. 커피가 점차 대중화되면서 유럽 곳곳에 커피하우스가 생기기 시작했다.

한국에서는 1896년 러시아 공사관에 머물던 고종 황제가 처음 커피를 마셨다고 전해진다. 민간에서는 독일인 손탁여사가 정동구락부에서 커피점을 시작한 이후 1920년대부터 명동과 충무로, 종로 등지에 커피점들이 생겨나면서 소수의 사람들에게 알려졌다. 그 뒤 8.15해방과 6.25전쟁을 거치면서 미군부대에서 원두커피와 인스턴트 커피들이 공급되어 대중들이 즐기는 기호음료로 자리 잡게 되었다.

6~7세기	아프리카의 에티오피아 고원에서 처음 커피 열매 발견
7~10세기	이슬람교 수도승들이 기도할 때 정신을 맑게 하기 위해 사용
11세기	아라비아 예멘으로 전파, 커피 재배의 시작
12~16세기	메카, 카이로, 페르시아 등의 아랍 도시와 오스만튀르크로 전파
16세기 후반	네덜란드인들이 커피나무와 씨를 유럽에 들여옴
17세기 초반	유럽으로 전파, 영국 옥스퍼드와 이탈리아 베니스에 최초의 커피 하우스 탄생
17세기 중반	교황 클레멘트 8세가 크리스트교 음료로 선포하면서 유럽에 널리 퍼짐
17세기 후반	미국은 홍차 대신 커피 마시기를 독립운동으로 권장
17세기 말	네덜란드인이 인도네시아 자바와 서인도 섬에서 커피나무 재배 시작
18세기 초	중앙아메리카와 카리브해 연안에서 커피 재배
18세기	브라질이 대규모로 재배 → 세계의 50% 생산
1877	네덜란드인이 일본에 커피 전파, 1880년대 이노우에가 첫 카페를 엶
1896	아관파천 시기 고종 황제가 처음 커피를 마심

2. 커피의 재배 및 수확

커피나무는 아프리카 에티오피아가 원산지인 다년생 쌍떡잎 식물이다. 열대성 상록교목(perennial evergreen)으로 꼭두서니(rubiaceae)과의 코페아(coffea)속(屬)에 속한다.

  커피나무의 크기는 품종이나 자연환경, 관리상태에 따라 달라진다. 야생에서는 10m 이상 자라는 경우도 있지만, 수확의 편의를 위하여 지속적으로 가지치기를 해줌으로써 나무의 키를 2~3m 정도로 유지시킨다. 나무의 지름은 10cm 정도이며, 가지는 옆으로 퍼지고 끝은 처진다. 품종과 환경에 따라 다르지만, 1년생 커피나무는 가지가 6~10단계까지 발달하고, 2년이 지나면 1.5~2m까지 자라면서 꽃을 피우기 시작한다. 약 3년이 되면 완전히 성숙하여 정상적인 커피열매를 처음 수확할 수 있게 된다.

커피꽃은 흰색으로 재스민(Jasmine)향이 나며, 5장의 꽃잎과 5개의 수술, 1개의 암술로 구성되어 있다. 커피꽃의 씨방은 두 개의 배젖을 가지고 있으며, 한 마디에 16~48개의 꽃이 모여서 핀다. 커피꽃은 아침 일찍 펴서 낮 동안 계속 피어 있으며, 수정이 되면 꽃밥(anther)이 갈색으로 바뀌고, 이틀 뒤 꽃이 떨어지고 씨방 부분이 발달하게 되어 열매를 맺게 된다. 커피꽃은 보통 건기에 피는데, 우기와 건기의 구별이 명확하지 않은 적도 지역에서는 일 년에 여러 차례 꽃이 피기도 한다.

커피나무의 뿌리는 땅속 30~60cm에 주로 분포하며, 토양 조건이 뿌리 성장에 적합한 경우 뿌리는 15㎡ 정도의 토양에서 영양분을 섭취한다.

1) 커피의 성장

파치먼트(parchment)라 불리는 커피 씨앗을 심은 후 40~60일이 지나면 싹이 튼다. 9~18개월이 지나면 50~70cm 정도로 성장하며, 3~4년이 지나면 커피를 수확할 수 있을 정도로 성숙된다. 커피나무는 기후나 토양 등 성장조건에 따라 조금씩 다른 형태를 띠는데, 보통 아라비카의 경우 2~4m, 로부스타의 경우 4~6m 정도 성장하게 된다.

수확을 위해 경작된 커피나무의 종류는 2m의 작은 나무부터 3m의 중간크기, 5m의 큰 나무까지 다양하다. 아라비카 커피나무의 꽃은 곁가지의 잎겨드랑이에 맺히며, 5~6개의 꽃잎을 가진 2~19개의 흰색 꽃송이가 개화된다. 가루받이 후 꽃은 시들고 체리(cherry)라는 열매가 맺힌다. 처음 녹색을 띠는 체리는 기후와 환경에 따라 아라비카는 7~9개월, 로부스타는 9~11개월 동안 익어가며, 지름 1.5cm 정도 크기의 붉은색 열매로 성숙된다.

2) 수확

커피체리가 다 익으면 수확이 시작된다. 수확기는 지리학적 위치에 따라 달라지지만 한 해에 한 번 수확하는 것이 일반적이다.

적도 북쪽(에티오피아나 중앙아메리카 지역)은 9월과 12월 사이에 수확하고 적도 남쪽(브라질이나 짐바브웨)은 4월이나 5월(8월까지 수확이 계속되기도 함)에 주로 수확한다.

콜롬비아나 케냐처럼 우기와 건기의 구별이 뚜렷하지 않은 나라에서는 1년에 2번의 개화기가 있어 수확도 2번 이뤄지며, 적도 부근(우간다나 콜롬비아)의 나라는 일 년 내내 수확이 가능하다. 수확하는 방식은 농장의 상황에 따라 따내기(Picking)와 훑어내리기(Stripping) 등의 2종류로 분류된다.

(1) 따내기(Picking)

일꾼들이 팀을 이루어 나무 사이를 뒤지며 잘 익은 열매만을 골라 하나씩 손으로 따는 방법으로, 핸드피킹(hands picking)이라 부르기도 한다.

덜 익은 체리는 남겨두었다가 다 익으면 따는데, 오로지 빨갛고 잘 익은 커피열매만 딴다. 보통 1주일 간격으로 작업이 이루어진다. 인건비가 많이 드는 단점이 있지만, 잘 익은 체리만 선별하여 수확하기 때문에 고품질의 커피를 생산할 수 있다. 소규모 농원이나 기계식 수확이 불가능한 지역에서 주로 사용하는 방법이다.

(2) 훑어내리기(Stripping)

나뭇가지를 손으로 훑어내려 열매를 떨어뜨린 후 빠르게 긁어모으는 방식이다. 브라질의 대단위 농장에서는 기계를 이용해서 한꺼번에 훑어 수확하기도 한다.

따내기에 비해 대량수확이 가능하지만, 덜 익은 체리까지 한꺼번에 수확되거나 가지와 잎 등 이물질이 포함될 가능성이 높아 전반적으로 품질은 떨어지는 편이다. 또 땅에 떨어진 생두가 박테리아에 전염될 위험성도 있다.

> **커피나무의 성장과정** ○
>
> ① 비옥한 흙과 비료를 섞어 묘판을 만들고 1~2개의 커피 씨앗(파치먼트)을 심는다. 종자를 뿌린 뒤 40~60일 정도 지나면 싹이 돋고, 20~30일이 경과하면 떡잎이 나온다.
> ② 파종 후 약 5개월이 경과하면 나무의 모습을 갖춰가기 시작한다.
> ③ 발아 후 약 10개월이 지나면 농원으로 이식하게 된다.
> ④ 식수 후 2년이 지나면 정상적인 커피나무로 성장하면서 수확이 가능한 수준에 도달한다.
> ⑤ 발아 후 약 1년이 지나면서부터 꽃이 피기 시작하고 열매도 조금씩 열린다. 커피꽃은 잎이 붙어 있는 줄기 사이의 겨드랑이에 군생해서 핀다.
> 3년이 지나면 다량의 수확이 가능할 정도로 자란다.
> ⑥ 은은한 단맛이 나는 외과피(껍질)를 벗기면 내과피에 둘러싸인 씨앗(파치먼트)이 나오며, 이 내과피를 제거하고 잘 말린 다음 껍질을 제거해야 최종적인 그린빈이 완성된다.

3. 커피의 종류

커피의 품종은 크게 아라비카(arabicas), 로부스타(robustas), 리베리카(libericas) 3가지로 분류되지만 세계적으로 중요하게 꼽는 것은 아라비카종과 로부스타종이다.

1) 아라비카종

세계 생산량의 약 70%를 차지
한다. 원산지가 에티오피아인 아
라비카는 잎의 모양과 색깔, 꽃 등
에서 로부스타와 미세한 차이를
나타낸다. 아라비카는 다 자란 나
무의 크기가 5~6m이며, 평균기온
20℃ 전후, 해발 800~2,000m의 고
지대에서 주로 재배된다.

기후나 토양, 병충해에 민감하고 특히 열에 약해서 온도가 30℃ 이상으로 올라
가면 불과 2~3일 내에 해를 입고 만다. 일교차가 큰 고지대에서 생산되는 아라비카
는 단맛, 신맛, 감칠맛, 그리고 향기가 뛰어나 대체로 가격이 비싼 편이다. 성장속
도는 느리지만 향미가 풍부하고 카페인 함유량도 로부스타에 비해 적다. 모양은
로부스타에 비해 평평하고 길이가 길며 가운데 새겨진 고랑이 굽어 있다. 색은 좀
더 진한 녹색이며 푸른 색조를 띠기도 한다.

2) 로부스타종

아라비카에 비해 강인한 종자로 열악한 환경에서도 잘 자란다. 해발 700m 이
하의 아프리카 및 아시아의 열대지역에서 생산된다.

잎과 나무의 크기가 아라비카보다 크지만, 열매는 리베리카나 아라비카보다 작
다. 다 자란 나무의 키는 8~10m이며, 30℃ 이상의 온도에서 7~8일 정도 견딜 수
있고, 생산량이 풍부하며 아라비카종보다 기생충과 질병에 대한 저항력 훨씬 강하

다. 대개 로부스타는 쓴맛이 강하
고 향기도 아라비카종에 비해 떨
어지지만, 가격이 저렴하기 때문
에 다른 커피와 배합하거나 인스
턴트커피를 제조하는 데 사용한
다. 로부스타종에는 아라비카종보
다 두 배 더 높은 카페인과 소량의
오일이 함유되어 있다.

모양은 둥근형으로, 가운데 새겨진 고랑이 직선으로 되어 있다. 내추럴 생두의
색은 황갈색을 띠고 수세 처리된 생두는 연두색을 띤다.

피베리(진주콩) 케냐

피베리는 자연적인 기형생두이다. 보통 커
피열매에는 생두가 두 개 나온다. 그런데 피
베리에는 특이하게 둥근 생두 하나만 있다.
케냐커피는 좋은 향과 괜찮은 햇과일 맛이 나
며, 신맛과 바디가 조화롭다. 피베리는 상품
등급에서 최상으로 구분된다.

자바 로부스타 언워시드

자바에서는 주로 로부스타 커피가 재배되는데, 1877년 녹병이 휩쓸고 지나가면서 모든 농장이 황폐화되었다. 언워시드는 수확 후 생두를 물로 씻지 않고 건식법으로 정제하는 것으로 햇빛이나 건조시설에서 말리는 것을 의미한다. 2~3주 후 기계로 내과피를 제거한다.

인도 말라바 몬순니드

말라바는 인도 케랄라주에서 재배된다. 몬순니드라 표시된 커피는 건조되는 여러 주 동안 습한 몬순풍과 몬순성 장마에 그대로 노출된다. 습한 기후에서 숙성되는 과정을 통해 커피는 무척 부드러워진다. 신맛 없이 은은한 향이 나고 입안에 꽉 차는 묵직한 바디와 부드러우면서 감미로운 부담 없는 맛이다.

인디안 워시드

워시드는 습식법으로 정제하는 것이다. 습식법은 흐르는 물에 열매를 씻고, 질이 떨어지는 것을 추려낸다. 그러고 나서 기계로 과육을 으깨어 제거한다. 이어진 발효과정은 생두

로부터 과육의 나머지를 분해하여 제거하는 것. 다시 한 번 세척하고 건조시킨다. 이 방법이 건조식보다 향을 잘 보존하지만, 또한 그 비용이 더 비싸다.

니카라과 마라고지페 아라비카

니카라과산 커피생두는 순수한 아라비카 품종으로 세계에서 가장 큰 생두로 여겨진다. 이 생두는 블렌딩으로 사용될 뿐만 아니라 크기와 탐스러운 모양 때문에 단종커피로도 판매된다. 마라고지페와 더불어 니카라과의 가

장 높은 지대의 지명에서 이름을 따온 히노테가와 마타갈파도 재배된다.

인도네시아 루왁 로부스타

야생에서 자란 커피열매를 사향고양이가 먹고, 장에서 소화되어 다시 배설한다. 자연스러운 소량 생산으로 그 양이 200kg에 지나지 않는다. 수요와 가격은 센세이션을 일으킬 정도로 높지만, 맛은 부드럽고 쓴맛이 덜한 커피다.

아라비카 마라고지페

크기가 유달리 커서 거인 혹은 코끼리콩이라고도 불리는 마라고지페는 무척 가

볍고 부드러운 맛이다. 이런 식물학적 희귀종은 재배할 때 손이 많이 간다. 전통적으로 멕시코, 니카라과와 콜롬비아에서 자란다. 마라고지페는 거인콩이 처음 발견된 북부브라질 지방 바히아에 있는 장소의 이름이다.

하와이 코나 팬시

하와이에서 커피재배는, 서부 코나 지역에 있는 마우나로아(Mauna Loa)화산 경사면을 따라 이루어진다. 코나 생두는 다른 커피생두보다 윤기 있고 더 균형 잡힌 모양이다. 코나는 일상적이지 않은 강한 바디와 특색 있고, 약간 촉촉한 맛과 뚜렷한 신맛 그리고 환상적인 향을 풍긴다. 가장 비싸게 팔리는 커피 중 하나다.

4. 커피 생산지

커피나무는 심한 온도변화와 날씨변화 없는 열대 기후에서 잘 자란다. 10℃ 이하나 30℃ 이상의 기온에서 커피나무는 병들게 된다.

아라비카는 해발 800~1,200m 사이의 고원지대인 콜롬비아, 과테말라와 브라질에서 자라고 특히 신맛과 향이 강한 커피는 1,500m 높이의 고지대에서 자란다.

아라비카종의 주요 재배지역은 브라질, 콜롬비아, 멕시코, 중앙아메리카의 나라들이고 로부스타종의 커피나무는 추위에 민감해 인도네시아, 베트남, 브라질, 우간다, 서아프리카에서 가장 잘 자란다. 로부스타종은 병충해에 강하고 성장속도가 빠르며 생산량이 풍부하다.

아라비카종의 최대 생산국인 브라질은 해발고도가 높은 남미지역과 달리 저지대에서 커피를 대규모로 생산하며, 재배환경은 해발고도 800m와 연평균 18℃의 온화한 기후 테라로사(붉은빛 토양)로 불리는 비옥한 토양을 가지고 있다. 특히 상파울루 산토스(Santos)에는 대부분의 물류 물자가 이동하는 중요한 항구가 있어 커피 재배는 물론 집산지로도 중요한 역할을 하고 있다.

특징은 넓은 국토 면적으로 인해 지역별로 다양한 품종, 품질의 커피를 생산하며, 대규모 재배로 대부분이 기계화되어 있다. 커피의 품질 등급은 생두 300g당 결점두의 개수에 따라 5가지로 구분하는데 결점두가 많을수록 등급이 낮아진다.

로부스타종의 최대 생산국인 베트남은 세계 2위의 커피 생산국이며, 해발고도 800m 이하의 낮은 고도에서 재배된다. 베트남 내에서 가장 높은 생산량을 가진 지역은 중부 고원지대에 위치한 부온마투옷이며 그 밖에 서부 산간지역인 닥락(Dak Lak), 잘라이(Gia Lai), 꼰뚬(Kon Tum), 북부에 위치한 까우닷(Cau Dat) 등이 있다. 원두는 일반적으로 자연건조식(dry processing)으로 가공되며 수세식(wet processing)과 폴리싱(polishing; 깨끗이 닦아 광택처리한 작업)으로도 진행된다. 커피의 품질 등급은 생두 300g당 결점두의 개수에 따라 스페셜 등급을 포함하여 총 6등급으로 구분하는데, 결점두(defect)는 생두의 재배나 가공 과정에서 생긴 비정상적인 생두로, 결점두가 적을수록 좋은 품질의 생두로 여겨진다.

커피벨트(북위 25도~남위 25도)

1) 남아메리카

브라질, 콜롬비아, 에콰도르, 페루, 베네수엘라와 볼리비아는 전 세계 커피생산량의 약 50%를 공급한다. 이들 국가는 좋은 블렌딩에 적절한 표준 등급의 인기 있는 고산지대 커피를 수출한다. 콜롬비아산은 안데스에서 생산된 단종의 아라비카로 특히 최고등급커피로 알려져 있다. 페루는 유기농법 커피의 중요한 공급지로 성장하고 있다.

2) 중앙아메리카

코스타리카, 엘살바도르, 과테말라, 온두라스, 멕시코, 니카라과와 파나마 지역에서 커피재배는 200년 이래로 중요한 경제적 역할을 하고 있다. 오늘날 이 지역은 세계수요의 15% 정도의 적은 양이지만 고급품질의 커피로 인정받는다. 이 중 멕시코는 세계적으로 가장 큰 규모의 유기농법 커피 공급처로 성장하고 있다.

3) 카리브해와 하와이

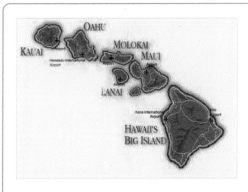

대부분의 지역이 탁월한 재배조건인데도 카리브해와 하와이산은 일반적으로 중간 정도의 품질로 수출된다. 자연재해 같은 환경적인 요인과 정치적 분쟁으로 수확이 점점 줄어들었기 때문이다. 그러나 자메이카산 블루마운틴과 하와이산 코나커피는 뛰어난 품질로 커피 애호가들의 사랑을 받으며 고가에 팔리고 있다.

4) 아프리카

에티오피아, 케냐, 예멘, 콩고, 우간다, 탄자니아, 앙골라, 잠비아는 세계 커피생산량의 약 13%를 차지하고 있으며, 특색 있는 품질, 마일드, 과일향이 풍부한 아라비카와 최고급 로부스타를 공급한다.
에티오피아나 케냐 커피는 고급커피로 인정받고 있으며, 예멘은 커피를 수출하는 유일한 아라비아 국가로 독특한 초콜릿향을 지닌 모카품종을 재배한다.

5) 아시아와 오스트레일리아

중국, 인도, 인도네시아, 필리핀과 베트남은 전 세계 커피의 약 20%를 생산한다. 베트남은 로부스타종 최대 생산국이며, 인도산 몬순커피와 인도네시아 루왁커피 같은 우수한 스페셜티 커피가 생산된다.

5. 커피의 가공

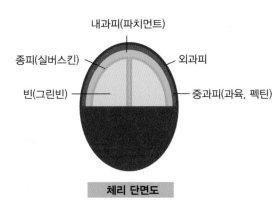

체리 단면도

잘 익은 커피체리는 씨앗을 둘러싼 끈적한 내과피(생두의 껍질, 파치먼트)와 0.5~2mm의 두껍고 당과 수분이 풍부한 아교질의 중과피(과육, 펙틴), 익었을 때 빨간색이나 노란색의 외과피(껍질)를 가지고 있다. 보통 체리 1개당 2개인 씨앗(커

피콩)은 성장조건과 유전자 형태에 따라 크기, 모양, 밀도가 다를 수 있다. 때로 체리는 하나의 둥근 콩만 가지고 있을 때도 있는데 이것을 피베리(peaberry)라고 부른다.

커피열매 중에서 우리가 사용하는 것은 씨앗인 생두(green bean, 커피콩)이다. 따라서 수확한 열매에서 생두 외의 불필요한 과육 부분은 제거되어야 한다.

과육을 제거하는 방법은 크게 건식처리(dry processing)와 습식처리(wet processing)로 분류된다. 일부 예외는 있지만 건식으로 처리된 생두는 내추럴(natural), 습식으로 처리된 생두는 마일드(mild)라 불린다.

1) 건식처리 : Unwashed

건식법은 전통적인 커피 생산방법으로, 지금도 많은 물을 사용하기 힘든 지역이나 소규모 농원에서 주로 이용되고 있다. 자연건조(natural dry)와 인공건조(artificial dry)로 나뉜다.

자연건조의 경우 햇빛을 이용하기 때문에 별도의 설비에 대한 투자가 필요하지 않다. 수확한 체리 중 덜 익었거나 너무 익은 것, 손상된 것을 제거하는 선별과정을 거친 후 주로 시멘트나 콘크리트로 만들어진 건조장이나 맨땅에 널어 건조하는 방식으로, 약 2주 정도의 시간이 필요하다. 건조기간에는 고르게 마르도록 뒤섞어 주고, 밤에는 이슬을 피하기 위해 한곳에 모아 덮개를 씌워준다.

건조가 잘 되었을 경우 커피열매를 흔들면 씨앗과 외과피가 부딪히는 소리가 나는데 이때 수분함량은 약 20% 정도이다. 이렇게 건조된 체리의 과육을 제거하면 커피 생두를 얻게 되며, 이를 다시 건조하여 수분이 12~13% 정도가 되도록 한다. 그 후 크기에 따라 등급을 분류하고 이물질을 제거하게 되는데, 자동화된 설비를 이용하기도 하고 수작업에 의존하기도 한다.

인공건조는 건조탑이라는 설비가 필요하며, 인건비가 비쌀 경우 주로 이용하게 된다. 이때 건조하는 온도가 품질에 미치는 영향은 매우 크다. 보통 50℃의 열풍으로 3일 정도 건조시키고, 건조가 끝나면 자연건조된 커피와 동일한 과정을 거쳐 생두로 가공된다.

2) 습식처리 : Washed

습식법은 현대적인 가공방법으로 건식법에 비해 비용은 많이 들지만 건식처리보다 좋은 품질의 커피를 얻을 수 있어서 대부분의 아라비카 생산국에서 사용하고 있다.

수세식에서는 먼저 수확된 커피열매를 수조에 담아 물에 뜨는 것들을 제거한 다음 과육을 제거하기 위한 설비(pulper)를 통해 외과피와 과육을 제거한다.

그 다음 다시 수조에 넣고 물에 뜨는 것들을 제거한 후 발효과정을 거치게 되는

데, 이는 펙틴(pectin)이라 불리는 끈적끈적한 점액질을 제거하는 과정으로, 커피 자체가 가지고 있는 효소와 미생물에 의해서 이루어진다. 1~2일간의 발효 후 지저분한 것들을 물로 씻어내고 건조과정을 거치면 내과피(parchment)로 둘러싸인 생두를 얻게 된다.

일반적으로 생두는 이 내과피에 둘러싸인 상태에서 품질이 가장 잘 보존되므로 출하 직전까지 이 상태로 보관한다. 출하 시에는 내과피 제거기(huller)로 제거한 후 크기에 따라 분류하고 이물질과 결점두를 제거한 다음 마대에 담아 출하한다.

최근에는 반수세식(semi-washed)이라는 새로운 가공방법이 생겼는데, 이는 건식법과 습식법이 합쳐진 형태이다. 수조에서 체리를 선별하고 과육을 제거한 후 건식법에 의해 건조하는 것으로, 시각이나 관능적으로는 건식법의 특징을 그대로 유지하면서로 선별의 정확도를 강화한 가공방법이라고 할 수 있다.

소규모 커피농장이나 스페셜티 커피를 지향하는 농장 등에서 시설을 개보수하면서 반수세식 형태를 많이 도입하고 있다.

6. 커피의 포장 및 보관

1) 커피의 포장

커피를 로스팅하면 1kg당 6~10L의 탄산가스가 발생하는데, 이는 산소와의 접촉을 막아주는 역할을 하지만 탄산가스를 방출하지 않고 포장하면 부피가 팽창하여 포장이 터질 수도 있다. 그렇기 때문에 포장 전에 탄산가스를 8~24시간 정도 지연 방출(Degassing)해 주어야 한다. 포장 재료는 향기를 보호해 주는 보향성, 빛을 차단하는 차광성, 공기를 차단하는 방기성, 습기를 방지하는 방습성을 갖춘 것이어야 좋다.

(1) 불활성(질소)가스 포장(Inter Gas Package)

가스 치환포장이라고 하며 포장 내의 공기를 불활성가스로 대체하여 포장하는 방법으로 일반적으로 질소가스가 사용된다. 진공포장에 비해 보관기간이 세 배 정도 증가한다. 밀봉포장 중에서 공기를 빼내고 대신 질소, 이산화탄소와 같은 불활성가스로 치환해 내용물의 변질 및 부패를 방지하는 것을 목적으로 하는 포장방법으로, 포장재는 가스투과성이 적은 것을 사용한다.

(2) 밸브 포장(One-way Valve Package)

일반적으로 가장 많이 사용하는 방법으로 1960년대 후반 이탈리아의 기술자가 개발하였으며, 원웨이 밸브를 포장용기에 부착하여 탄산가스가 방출되는 동안 산소와 습기의 유입을 방지하는 포장방법이다. 이 방법으로 커피의 유통기한을 연장할 수 있게 되었다.

(3) 진공 포장(Vacuum Package)

분쇄커피를 용기에 넣은 후 진공 포장하는 방법으로 금속 캔이나 복합필름 포장용기를 사용하여 잔존 산소량이 1.0% 이하가 되도록 한다.

(4) 가스흡수제(Gas Absorbent)

커피 포장과정에 가스흡수제를 넣어, 보관 시 발효 또는 산화로 인한 이산화탄소 및 그 외 여러 성분의 가스가 발생하는 즉시 흡수하여 초기의 포장상태를 그대로 유지하고 커피 본래의 맛과 신선함을 유지하는 방법으로 사용된다.

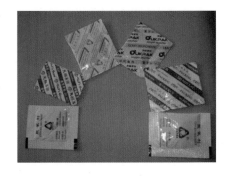

2) 커피의 보관

커피의 보관방법 중 가장 잘못 알려진 것 중 하나가 냉동실에 넣는 방법이다. 물론 원두를 구하기 힘들어 장기보관해야 할 경우에는 이 방법이 유효하다. 하지만 냉동 보관할 경우 신선도를 분별할 수 없게 된다.

부득이하게 커피를 냉동 보관했을 경우 냉동 보관한 커피를 마실 때 먼저 원두를 꺼낸 후 습기가 다 날아갈 때까지 방치한 다음 개봉해서 사용하며 개봉한 후에는 상온에서 보관한다.

포장용기 : 비닐, 캔, 밀폐용기(Canister), 도자기 등등
보관환경 : 실온, 냉장과 냉동 보관 등

가장 좋은 방법은 10일 정도 마실 분량씩만 신선한 원두를 구입해서 실온에 보관하고 마시는 것이다. 즉 한꺼번에 많은 양을 구입하지 않는다.

혹 선물 등으로 원두가 많아질 경우 나중에 들어온 것(가장 신선함)부터 마시도록 한다.(後入先出)

커피는 볶은 후에 시간이 경과하면서 맛과 향이 소실된다. 이는 피할 수 없는 현상이다. 다만 맛과 향의 소실 속도를 어느 정도까지 지연시킬 수는 있다.

커피 맛과 향이 소실된다 함은 맛과 향에 관계되는 성분이 휘발하거나 산화되는 것을 의미한다. 산소의 양이 많을수록, 주위 온도가 높을수록, 습도가 높을수록 산화 현상은 가속된다. 자외선 또한 커피 맛과 향의 변화에 일조한다. 따라서 커피는 보통의 경우 공기가 적은 공간(밀폐용기 또는 지퍼백 등)에 담아, 햇빛이 들지 않는 건조하고 서늘한 곳에 보관해야 한다.

　다만 수일간 사용하지 않을 경우 냉동실이나 냉장실에 보관할 수 있다. 이 경우 반드시 완벽하게 밀폐해야 한다. 커피는 볶으면 다공성이 되어 숯처럼 냄새를 흡수하게 된다. 따라서 밀폐상태가 좋지 않으면 냉장고 내부의 냄새를 흡수하게 된다. 그리고 냉동실이나 냉장실에서 꺼내어 커피 용기를 바로 열면, 온도차에 의해 커피에 습기가 스며들고 이어서 맛과 향이 빠른 속도로 소실된다. 따라서 용기 내부에 있는 커피의 온도가 상온에 도달할 때까지 방치해 두어야 하는 번거로움을 감수해야 한다.

　커피를 아무리 잘 보관해도 커피의 맛과 향의 소실을 근본적으로 차단시킬 수는 없다. 소실속도를 약간 지연시키는 것뿐이다. 커피는 맛과 향이 살아 있는 기간 내에 소진될 수 있는 최소량만을 자주 구입하는 것이 최선이다.

　커피의 맛과 향 소실은 시간의 함수다. 커피는 일단 볶는 과정을 거치는 순간부터 맛과 향에 관계되는 물질들이 휘발되거나, 산소와 결합되어 맛과 향이 점차적으로 소멸되어 간다. 또한 볶은 후부터 지속적으로 CO_2 gas가 방출되는데 CO_2 gas는 커피로 침투하는 산소를 차단하는 역할을 한다. CO_2 gas가 모두 방출되면 산소의 침투를 막을 수단도 상실하게 된다. 볶은 후 약 2주가 지나면 맛과 향에 관계되는 물질들의 50~60%가 소멸된다. 특히 커피가 분쇄되면 CO_2 gas, 맛과 향 물질의 휘발속도가 기하급수적으로 빨라진다. 따라서 커피를 볶은 후 7일 늦어도 10일, 일단 분쇄하면 4시간 이내에 소진하는 것이 커피를 가장 맛있게 음용하는 방법일 것이다. 이는 전문가들의 커피 신선도에 대한 일치된 의견이기도 하다.

　좋은 커피를 구하기는 알면 쉽고 모르면 한없이 어렵다. 어떤 커피를 고가에 사고도 과연 맛있는 것을 구한 것인지, 맛있다 할지라도 그 맛이 구입 비용에 걸맞은 것인지 아닌지를 판단하기는 쉽지 않다.

여기서 '좋은 커피'란 맛과 향이 우수하고, 그에 걸맞은 비용을 지불한 것으로 정의하겠다.

맛과 향은 여러 요소들이 결합하여 나타나는 종합적인 결과이다. 커피의 맛과 향에 영향을 미치는 요소들을 검토하여 미루어 짐작할 수 있고, 커피를 직접 음용하여 판단할 수도 있다.

가장 확실한 방법은 후자일 것이나 커피를 미리 확인하고 구입한다는 것이 만만치는 않다.

① 커피는 끓이기 직전까지 원두상태로 보관한다.
② 밀봉된 용기에 보관한다. 커피의 향기 있는 기름성분이 공기에 노출되면 산패하게 되고, 이로 인해 맛과 향이 변질된다. 소량씩 나누어 보관하고 공기가 통하지 않는 밀봉용기에 보관하도록 한다.

  유리용기가 가장 적합하며, 원두상태로 2주 이내에 다 먹을 수 있을 정도의 양이라면 밀봉용기를 사용하여 서늘한 곳에 보관하면 된다.
③ 그 이상 보관해야 한다면 냉장고에 냄새가 나는 다른 음식물과 함께 둘 경우 커피가 다른 음식물의 냄새를 흡수하므로 커피는 절대 냉장실에 보관하지 말고 가급적이면 깨끗하고 건조하며 공기가 통하지 않는 차갑고 어두운 곳에 보관한다.

※ 커피를 보관할 때 가장 주의해야 할 점은 공기와 습기를 피하는 것이다.

볶아놓은 원두가 공기에 한번 닿을 때마다 풍미와 향기가 담긴 휘발성 기름이 날아가므로 건조한 진공상태를 유지해 주어야 커피의 제맛을 즐길 수 있다. 공기를 밀폐시킨 커피 보관용 캐니스터에 원두를 담아두면 1주일 이상 풍미가 그대로 유지된다. 캐니스터는 도자기로 된 것이 좋다. 플라스틱은 향과 기름을 흡수해서 시간이 지나면 나쁜 냄새가 나기 때문이다.

원두를 담아 파는 알루미늄 라미네이팅 봉지 그대로 냉장고에 넣어두는 경우도 있는데 이렇게 하면 습기 찬 공기가 원두에 스며든다. 원두를 오래 보관해야 한다면 지퍼백에 담아 냉동실에 넣어둔다. 이렇게 하면 3개월 정도는 보관할 수 있으나 그 이상은 두지 않는 것이 좋다. 냉동실 문은 자주 여닫지 말아야 하며 원두는 냉동된 상태대로 분쇄하면 된다.

7. 생산지별 커피의 등급분류

1) 에티오피아 커피의 등급분류

등급	결점두(생두 300g당)
Grade 1	3개 이하
Grade 2	4~12개
Grade 3	13~25개
Grade 4	26~45개
Grade 5	46~100개
Grade 6	101~153개
Grade 7	154~340개
Grade 8	341개 이상

2) 과테말라 커피의 등급분류

등급		재배지 고도
SHB	Strictly Hard Bean	해발 1,400m 이상
HB	Hard Bean	해발 1,200~1,400m
SHB	Semi Hard Bean	해발 1,000~1,200m
EPW	Extra Prime Washed	해발 900~1,000m
PW	Prim Washed	해발 750~900m
EGW	Extra Good Washed	해발 600~750m
GW	Good Washed	해발 600m 이하

3) 브라질 커피의 등급분류

등급	결점두(생두 300g당)
No.2	4개 이하
No.3	13개 이하
No.4	26개 이하
No.5	46개 이하
No.6	86개 이하

4) 멕시코 커피의 등급분류

등급		재배지의 고도
SHG	Strictly High Grown	해발 1,700m 이상
HG	High Grown	해발 1,000~1,600m
PW	Prim Washed	해발 700~1,000m
GW	Good Washed	해발 700m 이하

5) 인도네시아 커피의 등급분류

등급	결점두(생두 300g당)
Grade 1	11개 이하
Grade 2	12~25개
Grade 3	26~44개
Grade 4a	45~60개
Grade 4b	61~80개
Grade 5	81~150개
Grade 6	151~225개

6) 인도 커피의 등급분류

습식 아라비카		습식 로부스타	
등급	Screen size (1Screen=0.4mm)	등급	Screen size (1Screen=0.4mm)
Plantation AA	17 이상	Parchment AB	15 이상
Plantation A	16	Parchment A	14
Plantation B	15	Parchment B	13
Plantation C	14	Parchment C	12
Plantation Bulk	14 미만	Parchment Bulk	11 미만

7) 자메이카 커피의 등급분류

등급		Screen size	재배지 고도
High Quality	Blue Mountain No.1	Screen size 17~18	해발 1,100m 이상
	Blue Mountain No.2	Screen size 16	
	Blue Mountain No.3	Screen size 15	
Low Quality	하이 마운틴(High Mountain)		해발 1,00m 이하
	프라임 워시드(Prime Washed, Jamaican)		해발 750~1,000m
	프라임 베리(Prime Berry)		−

8) 케냐 커피의 등급분류

등급	Screen size(1screen size = 0.4mm)
AA	Screen size 18
A	Screen size 17
AB	Screen size 15~16
C	Screen size 14

9) 코스타리카 커피의 등급분류

등급		생산량	재배지 고도
SHB	Strictly Hard Bean	40%	해발 1,200~1,650m
GHB	Good Hard Bean	10%	해발 1,100~1,250m
HB	Hard Bean	19%	해발 800~1,100m
MHB	Medium Hard Bean	14%	해발 500~1,200m
HGA	High Grown Atlantic	5%	해발 900~1,200m

등급		생산량	재배지 고도
MGA	Medium Grown Atlantic	8%	해발 600~900m
LGA	Low Grown Atlantic	3%	해발 200~600m
P	Pacific	1%	해발 400~1,000m

10) 하와이 커피의 등급분류

등급	Screen size (1 screen = 0.4mm)	결점두(생두 300g당)
Kona Extra Fancy	19	10개 이내
Kona Fancy	18	16개 이내
Kona Caracoli No.1	10	20개 이내
Kona Prime	무관	25개 이내

11) 콜롬비아 커피의 등급분류

등급	Screen size (1 screen = 0.4mm)	비 고
수프리모(Supremo)	17	스페셜티 커피 (Specialty coffee)
엑셀소(Excelso)	16	수출용 표준등급
	15	
	14	
U.G.Q (Usual Good Quality)	13	수출금지
Caracoli	12	

12) 탄자니아 커피의 등급분류

등급	Screen size(1 screen = 0.4mm)
AA	18 이상
A	17
AMEX	
B	16
C	15
PB	Peaberry

13) 파푸아뉴기니 커피의 등급분류

등급	Screen size(1 screen = 0.4mm)
AA	18 이상
A	17
AB	16
B	15
C	14

8. 애니멀 커피(Animal Coffee)

1) 코피 루왁(Kopi Luwak)

인도네시아 사향고양이가 커피열매를 따먹고 위액 등 소화기관에서 일종의 발효과정을 거친 다음 배설물로 나온 것을 햇빛에 건조시킨 후 로스팅해서 마시는 커피이다.

루왁커피는 제조과정이 까다롭고 대량생산이 힘들어 가장 비싼 커피로 알려져 있다.

최근에는 야생 고양이가 아닌 울타리에 가둬놓은 고양이를 통해 제조되는 양이 늘어나면서 저가의 루왁커피가 판매되고 있다.

사향고양이는 후각이 뛰어나 야생에서 잘 익은 커피열매를 골라 먹는다. 따라서 맛과 향이 풍부한 최고의 커피를 생산할 수 있어 비싸게 판매되는 커피이다.

2) 콘삭커피(Con Soc Coffee)

베트남의 다람쥐똥 커피는 세계에서 가장 비싼 커피로 유명하다. 커피농장의 커피가 익을 무렵 다람쥐들이 빨갛게 잘 익은 커피열매를 따먹은 뒤 과육은 소화시키고 커피의 생두는 그대로 배설하게 되는데 이것들을 모아서 말린 것이 바로 다람쥐똥 커피이다.

이름은 조금 지저분하다는 생각도 들지만 모아진 커피콩들을 씻고 말리기를 몇 번이나 반복하기 때문에 냄새 등은 전혀 없다. 이렇게 생산된 커피가 비싼 이유는

소량 생산되는 희소성 때문이기도 하지만 이러한 동물들이 따먹는 열매는 실제로 잘 익은 완숙 커피열매이기 때문에 맛이 좋을 수밖에 없는 것이다. 사향고양이똥 커피의 경우 1파운드(450그램 정도)의 원산지 도매 가격이 110달러 정도 된다고 하고 일 년에 생산되는 양은 고작 500파운드뿐이라고 하니 과연 비싸기도 하고 귀하기도 한 것 같다.

베트남 다람쥐는 영리하여 '쫑'이라 불리며 고원지역에서 산다. 이들은 빨갛게 익은 커피원두 먹는 것을 가장 좋아한다. 커피 수확철이 되면 먼저 아침에 수컷 '쫑'을 관찰한다.

밤이 되면 새로운 '쫑' 무리들을 커피원두가 있는 곳으로 데려오기 위해 커피원두를 남겨둔다. 이들은 새벽 2~4시에 원두를 먹으며 차례로 배설을 한다. 다음날 이것을 채집하여 깨끗이 세척한 뒤 건조과정을 반복한다.

이러한 과정을 거쳐 배설된 원두는 발효과정이 생기게 되고 다시 가공된 커피는 그 어떤 커피와도 필적할 수 없는 제품으로 탄생된다.

02

블렌딩과 로스팅

02 블렌딩과 로스팅
Chapter

1. 블렌딩의 이해

커피콩(Coffee Bean)은 품종과 배전 정도에 따라 서로 다른 맛과 향의 특성을 나타내기 때문에 커피의 특성과 소비자의 취향에 맞도록 알맞게 조화시키는 Blending의 과정을 거친다. Blending은 기본적으로 서로 다른 향미성분들 사이에 균형을 이루어 커피의 질을 향상시키고, 그 질을 변함없이 지속하기 위한 목적으로 행해진다.

커피는 신맛과 쓴맛이 조화된 부드럽고 감칠맛이 풍부한 것이 좋다고 흔히들 말하지만 원래 커피는 품종마다 서로 다른 맛의 개성이 있으므로 종합적인 맛을 즐길 수가 없다. 그래서 어떤 맛이 부족한 커피와 그 맛을 보완해 줄 수 있는 커피를 섞는 Blending 공정을 거친다. 일반적으로 중성의 Coffee Bean을 기초로 해서 신맛이나 쓴맛이 있는 Coffee Bean을 섞어 향기 좋고, 감칠맛 나는 커피를 만들어낸다. 즉 Blending의 목적은 신맛, 단맛, 쓴맛 그리고 향의 조화로움에 있다.

특히, 에스프레소 Blending은 반드시 균형감 있게 Blending해야 한다. 그렇지 않으면 필터방식에서 좋게 느껴졌던 맛이나 향이 에스프레소 방식으로 추출하면 너무 강하게 느껴지기 때문이다. 대부분의 에스프레소 Blending은 질 좋은 아라비카들을 Blending 베이스로 사용한다.

로부스타 커피는 값이 싸고 강한 맛을 주는 이점이 있으나, 카페인 함량이 높고 쓴맛이 많이 나며 향기가 부족하다는 결점이 있다. 그러므로 가장 이상적이고도 흔한 Blending은 아라비카종의 마일드와 브라질 그리고, 로부스타를 Blending하는 것이다.

1) 커피 블렌딩이란

최초의 블렌딩 커피는 인도네시아 자바 커피와 예멘, 에티오피아의 모카 커피를 혼합한 모카 자바(Mocha-Java)로 알려져 있다. 고급 아라비카 커피는 스트레이트(Straight)로 즐기는 것이 보통이지만 원두의 원산지, 로스팅 정도, 가공방법, 품종에 따라 혼합비율을 달리하면 새로운 맛과 향을 가진 커피를 만들 수 있다. 또, 질이 떨어지는 커피도 블렌딩을 통해 향미가 조화로운 커피로 만들 수 있다. 즉 커피 블렌딩은 각각의 원두가 지닌 특성을 적절하게 배합하여 균형 잡힌 맛과 향기를 내는 과정을 뜻한다. 따라서 커피 블렌딩을 위해서는 원두의 특징, 블렌딩 결과에 대한 경험과 이해가 필요하다.

사전계획
전문점용, 가정용, 에스프레소용, 하우스 블렌드용

↓

생두 선택
생산국가, 지역, 산지별 특성과 가격

↓

로스팅 정도 결정
약, 중, 강 로스팅 선택

↓

블렌딩 방식 선택
프리믹스, 애프터 믹스

↓

블렌딩 비율 결정
각각 몇 %씩 배합할 것인가

↓

재평가
커핑 후 보완 및 재반복작업

블렌딩은 단종(스트레이트, Straight)커피의 고유한 맛과 향을 강조하면서도 좀 더 깊고 조화로운 향미를 창조할 수 있다. 또한, 개인의 취향에 따라 원두의 종류와 혼합비율을 달리할 수 있으므로 나만의 하우스 블렌드(House Blend) 커피를 만들 수 있고 스트레이트 커피로 즐기기에는 부족한 커피와 고급 아라비카 커피를 혼합하여 맛과 향의 상승효과를 내는 장점이 있다.

2) 커피 블렌딩 방법

커피를 블렌딩할 때는 우선 원하는 기호에 잘 맞는 생두를 선택하는 것이 중요하다. 예를 들어 신맛을 강조하고 싶다면 이르가체페, 탄자니아, 파푸아뉴기니 등을 선택하고, 쓴맛을 강조하고 싶다면 로부스타 커피를 선택한다. 다만, 혼합되는 원두의 가짓수가 너무 많지 않도록 3~5가지 안의 범위에서 선택하는 것이 좋다. 원산지 명칭을 사용하는 경우에는 해당 커피를 30% 이상 사용하는 것이 좋다. 블렌딩 방법에는 2가지가 있다.

① 로스팅 전 블렌딩(혼합블렌딩, Blending Before Roasting)

기호에 따라 미리 정해 놓은 생두를 혼합하여 동시에 로스팅하는 방법이다. 한 번만 로스팅하므로 편리하고, 블렌딩된 커피의 색이 균형적이다. 그러나 생두의 특징이 고려되지 않기 때문에 정점 로스팅 정도를 결정하기 어려운 단점이 있다.

각각의 생두를 로스팅한 후 블렌딩하는 방법이다. 정점에서 로스팅된 원두가 서로 혼합되어 풍부한 맛과 향을 얻을 수 있다. 그러나 혼합되는 가짓수만큼 일일이 로스팅을 해야 하고, 생두에 따라 로스팅 정도가 다르므로 블렌딩 커피의 색이 불균형하다.

② 로스팅 후 블렌딩(단종블렌딩, Blending After Roasting)

〈대표적인 커피 블렌딩〉

향미	원두	비율	로스팅
신맛과 향기로운 맛	콜롬비아 엑셀소	40%	시티 로스트 (City Roast)
	멕시코	20%	
	브라질 산토스	20%	
	예멘 모카	20%	
중후하고 조화로운 맛	브라질 산토스	40%	풀 시티 로스트 (Full-city Roast)
	콜롬비아 엑셀소	30%	
	예멘모카	30%	

향미	원두	비율	로스팅
달콤하고 약간 쓴맛	브라질 산토스	30%	풀 시티 로스트 (Full-city Roast)
	콜롬비아 엑셀소	30%	
	인도네시아 자바	20%	
	탄자니아 킬리만자로	20%	
쓰고 약간 달콤한 맛	브라질 산토스	30%	풀 시티 로스트 (Full-city Roast)
	콜롬비아 엑셀소	30%	
	엘살바도르	20%	
	인도네시아 자바	20%	
단맛이 있는 에스프레소	브라질 산토스	40%	프렌치 로스트 (French Roast)
	콜롬비아 수프리모	40%	
	과테말라 SHB	20%	

3) 커피의 분류

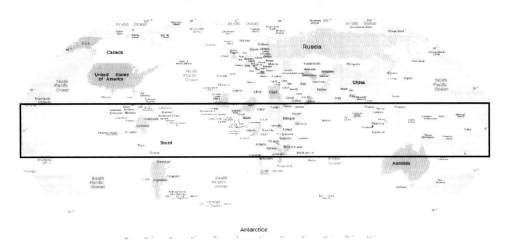

MARK THE MAP WHERE COFFEE IS GROWN:

커피는 품종, 가공방법, 생두의 혼합여부, 인위적인 향 등의 첨가여부 등에 따라 분류할 수 있다.

① 커피벨트(북위 25도~남위 25도)

아라비카 커피(Arabica Coffee)는 세계 커피 생산량의 60~70%를 차지하고, 해발 800m 이상의 지역에서 재배되는 상급의 커피나무이다. 브라질, 콜롬비아, 에티오피아, 인도네시아, 멕시코 등이 대표적인 생산지역이다.

특히 해발 1,500m 이상의 열대 고지대에서는 최상급의 스페셜티 커피(Specialty Coffee)를 생산하고 있다.

로부스타 커피(Robusta Coffee)는 세계 커피 생산량의 30~40%를 차지하고, 해발 700m 이하의 지역에서 주로 재배되는 저급의 커피나무이다. 주로 인스턴트 커피나 커피의 블렌딩에 사용한다.

② 커피품종의 전개도

원두커피(Roasted Coffee)는 커피나무에서 수확한 체리(Cherry)의 씨앗을 박피, 건조하여 생두를 만들고, 로스팅(Roasting)한 후 추출한 것이고 인스턴트 커피

(Instant Coffee)는 원두커피 추출액을 열풍건조 또는 동결건조하여 만든 것이다. 건조방식에 따라 향미가 달라질 수 있으며 이 과정에서 기호에 따른 첨가물이 추가될 수 있다.

단종커피(스트레이트 커피, Straight Coffee)는 우수한 품질의 원두 한 가지만을 추출한 커피로 고급 아라비카 원두 고유의 향미를 즐길 수 있다. 블렌드 커피(Blend Coffee)는 특성이 다른 2가지 이상의 원두(또는 생두)를 혼합(블렌딩, Blending)한 것이다.

레귤러 커피(Regular Coffee)는 인공적인 첨가물, 향이 추가되지 않은 커피이고 디카페인 커피(Decaffeinated Coffee)는 인위적으로 카페인을 제거한 커피를 말한다. 어레인지 커피(Arrange Coffee)는 배리에이션 커피(Variation Coffee)라고도 하며 주로 에스프레소(Espresso)에 아이스크림, 생크림, 우유, 초콜릿 시럽, 견과류 등을 첨가한 커피이다. 향 커피(Flavored Coffee)는 특정 향기 시럽을 원두에 입혀 만든 것으로 헤이즐넛(Hazelnut)커피가 대표적이다.

2. 로스팅의 기초

생산되고 가공된 커피콩(Green Bean)을 현재 우리가 마시는 커피로 만들기 위해서는 가열하여 볶는 Roasting과정을 거쳐야 한다. Roasting이란 Green Bean에 220~230℃의 열을 가하여 Green Bean 내부조직에 물리적, 화학적 변화를 일으킴으로써 커피 특유의 맛과 향을 생성시키는 것이다.

커피 맛의 90% 정도는 물론 좋은 조건에서 생산된 Green Bean에 들어 있다. 그러나 좋은 품질의 Green Bean을 선택하는 것 못지않게 가공과정 하나하나도 매우 중요하며, 특히 Roasting 과정은 커피의 생명인 맛과 향을 최초로 부여한다.

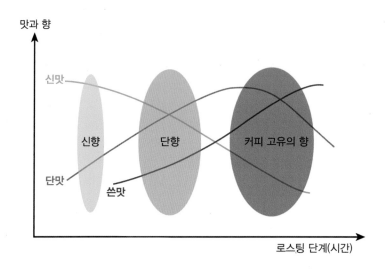

갈색의 커피와 풍부한 향은 적정한 Roasting을 거치면서 획득한 것이다. 같은 커피일지라도 Roasting의 정도에 따라 색깔과 맛, 향이 달라지는데 Green Bean이 적절한 열작용의 과정을 거쳐 유효성분이 균형 잡혀야 양질의 Roasted Bean이라고 할 수 있다.

그런데 Green Bean의 조건 즉, 품종, 산지의 조건, 수확시기, 콩의 크기, 수분 함량, 가공 상태, 저장 상태와 기간 등이 워낙 다르기 때문에 Roasting 방법에 절대적인 공식은 없다.

결국, 커피의 맛과 향은 외부에서 주입되는 것이 아니라 커피콩의 성분 속에서 우러나오는 것이므로, Green Bean의 조건에 따라 각 커피콩의 맛과 향을 최대한 살릴 수 있는 알맞은 Roasting 방법을 찾아내야 한다. 따라서 Roasting을 하는 데 있어서 풍부한 경험과 기술적 노하우가 필요하다.

1) 커피 로스팅이란

커피나무의 열매(Cherry) 안에는 두 개의 씨앗이 있는데 이를 생두(Green Bean)라고 한다. 생두에 열을 가해 조직을 최대한 팽창시켜 생두가 가진 여러 성분(수분, 지방분, 섬유질, 당질, 카페인, 유기산, 탄닌 등)을 조화롭게 표현하는 일련의 작업을 로스팅(Roasting) 또는 배전(焙煎)이라고 한다.

생두 상태에서는 아무 맛이 없고 그저 딱딱한 씨앗에 불과하다. 음용 가능한 커피를 만들기 위해서는 로스팅 단계를 거쳐야 하고 생두의 수확시기, 수분함량, 조밀도, 종자, 가공방법 등 생두의 특성을 파악하는 것이 중요하다. 같은 품종의 생두일지라도 자연환경의 변화, 보관 상태 등에 따라 조건이 다르므로 최상의 커피 맛과 향을 생성하기 위해서는 숙련된 기술을 가진 로스터(Roaster; 커피 볶는 사람)의 노력이 필요하다.

생두에 있는 성분들이 최고의 맛과 향을 갖게 되도록 하는 로스팅의 정도를 정점 로스팅(Peak-Roasting, 피크로스팅)이라 한다. 로스팅이 길어질수록 생두의 색상은 진해지고, 크기는 커지며(팽창), 캐러멜 향에서 신향을 거쳐 탄 향이 짙어진다. 일반적으로 이를 기준으로 정점 로스팅의 기준을 정하지만 개인별 취향을 고려해 본다면 어느 것이 정답이라고 할 수는 없다.

2) 로스팅 시 열 전달방식

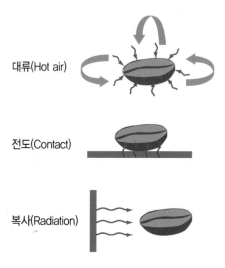

대류(Hot air)

전도(Contact)

복사(Radiation)

3) 로스팅 과정과 생두의 변화

① 건조 단계

건조 단계에서는 커피콩 내부의 수분이 열을 흡수하면서 증발하며 로스팅 전 과정
중 절반 이상의 시간을 차지한다. 이 단계에서 커피콩의 색상은 본래 푸른빛을 띠는
녹색을 잃고 밝은 노란색으로 변해가며, 커피콩의 향은 생콩내에서 풋내를 거쳐 빵
냄새로 변한다.

② 로스팅 단계

다양한 열 반응이 일어나면서 크랙이 일어나고, 부피는 증가하며, 무게는 감소하고 메
일라드 반응에 의해 물질의 착색현상이 일어나 색상은 점차 갈색으로 변한다. 이 단계
에서 커피 본연의 향과 맛이 발현되지만 로스팅 시에는 곡물 볶는 듯한 냄새가 난다.

③ 냉각 단계

로스팅 후반부에는 발열 반응이 주를 이룬다. 가열 반응을 통해 생성된 열은 생두가 발열 반응을 일으키는 데 충분한 온도를 제공하기 때문에 외부 열원을 제거하였다 할지라도 커피콩 내부의 온도는 계속 올라가게 된다. 냉각 단계에서는 코피콩의 반응이 더 이상 일어나지 않도록 드럼 내부 온도를 강제적으로 또는 순환적으로 100℃ 이하로 낮춘다. 냉각 매체로는 물 또는 공기가 사용되는데 효과 면에서는 기화열이 큰 물이 월등하지만 사용량을 엄격히 맞추어야 한다.

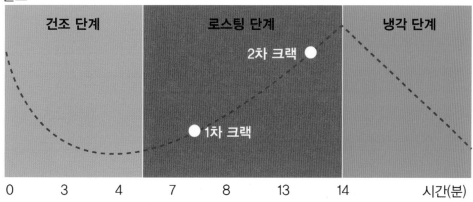

2,000가지가 넘는 물질로 구성된 생두는 일반적으로 220~230℃의 온도에서 30분 정도 볶는 로스팅 과정을 통해서 700~850가지의 향미를 낼 수 있는 성분을 가진 원두(Coffee Bean)가 된다. 로스팅의 방법에는 전통적인 가정식 방법인 팬 로스팅(Pan Roasting)과 가장 널리 사용되는 드럼 로스팅(Drum Roasting), 주로 인스턴트 커피 제조용으로 쓰이는 열풍 로스팅(Hot Air Roasting)이 있다. 상업적으로 가장 보편적인 드럼 로스팅의 과정은 다음과 같다.

1단계 – 생두 투입

로스팅의 초기 단계로 가열된 드럼에 선별한 생두를 투입하는 과정이다. 생두의 색은 밝은 녹색에서 황록색으로 점차 변화되고, 생두가 단단하고 수분함량이 많을 수록 풋내가 오래 지속되며 수분 증발이 늦게 나타난다.

로스팅 과정			
시간(분)	변화과정	온도	반응과정
0	생두 투입시점	180~210℃	흡열반응 (Endothermic)
3~4	내부온도 상승	140~145℃	
7~8	1차 크랙(1차 Popping) * 흡열 반응 중에는 불 온도를 가급적 최대로 한다.	180~185℃	
13~14	2차 크랙(2차 Popping) * 발열 반응 중에는 생두에 따라 불 조절이 필요하므로 2차 크랙의 온도와 시간은 차이가 있다.	200~210℃	발열반응 (Exothermic)

2단계 – 건조단계(Drying Phase) : 옐로(Yellow) 시점

이 단계에서 생두는 황록색을 거쳐 노란색으로 바뀌며, 풋내는 고소한 빵 굽는 향으로 바뀌게 된다. 생두가 열을 흡수(흡열반응)하면서 70~90% 가까운 수분이 소실되고, 드럼의 온도가 서서히 증가한다. 댐퍼(Damper; 배기 송풍 조절기)를 통해 드럼 내부의 열량과 기압공급이 균일하도록(화력은 통상 210℃를 넘지 않도록 하고 댐퍼는 닫거나 30~50% 개방) 하고 드럼 회전속도는 40~50회 정도가 적당하다.

3단계 - 1차 크랙(1st Crack)

열을 가한 생두는 이 시기에 탄수화물이 산화되면서 생두의 센터 컷(Center Cut)이 탁탁 갈라지는 소리가 들리게 된다. 이 과정을 통해 원두의 표면은 보다 팽창되고 색은 갈색에 가까우며 표면도 매끈해진다. 또 신향의 발산이 강한 시점으로 불필요한 신향을 줄이고 싶다면 댐퍼를 열어둔다. 통상 이 시점을 시나몬 로스팅(Cinnamon Roasting) 단계라고 한다.

4단계 - 2차 크랙(2nd Crack)

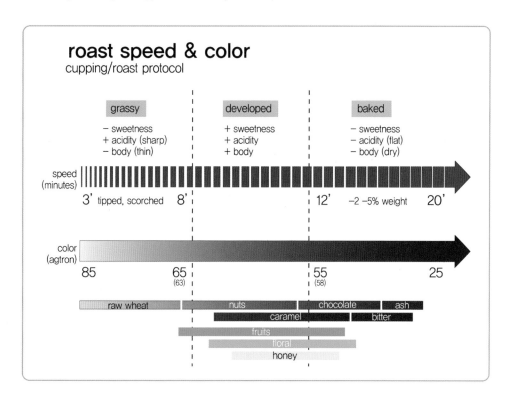

원두의 고유한 향이 발산되는 지점으로 로스팅 과정에서 가장 중요한 단계이다. 1차 크랙 이후 원두 내부의 오일 성분이 원두의 표면으로 올라오게 된다. 원두는 점차 갈색에서 진한 갈색으로 바뀌며 원두의 표면은 1차 크랙 때보다 더 팽창한다. 대략 이 시점을 풀 시티 로스팅(Full City Roasting) 단계라고 하며 가열로 인한 캐러멜화로 신맛보다는 단맛이 섞이게 된다. 2차 크랙 이후부터 신맛과 단맛은 거의 없어지고 쓴맛이 강해지는 프렌치 로스팅(French Roasting), 이탈리아 로스팅(Italian Roasting) 단계가 된다.

SCAA(미국스페셜티커피협회)의 로스팅 전개도

로스팅의 단계별 명칭은 국가나 지역마다 조금씩 차이가 있다. 대표적인 것이 미국스페셜티커피협회(SCAA, Specialty Coffee Association of America)의 SCAA 분류법과 국내와 일본에서 주로 사용하는 전통적인 8단계 분류법이다. SCAA 분류법은 에그트론(Agtron)사의 M-basic이라는 기계를 이용해 총 8단계로 분류한다. 그리고 로스팅 정도를 눈으로 확인해 볼 수 있도록 Tile #95~#25까지 8단계로 분류된 Color Roast Classification System을 소개하고 있다. 8단계 분류법의 명칭은 나라마다 선호하는 로스트 스타일에 따라 나라나 도시 이름을 따서 붙여졌다.

4) 커피 로스팅의 단계(배전도, Degree of Roast)

커피 로스팅 정도에 따른 분류

8단계 분류법			SCAA 분류법	
단계	색	맛과 향	단계	색
라이트 (Light)	밝고 연한 황갈색	신향, 강한 신맛	Very Light	Tile #95
시나몬 (Cinnamon)	연한 황갈색	다소 강한 신맛, 약한 단맛과 쓴맛	Light	Tile #85
미디엄 (Medium)	밤색	중간 단맛과 신맛, 약한 쓴맛, 단향	Moderately Light	Tile #75
하이 (High)	연한 갈색	단맛 강조, 약한 쓴맛과 신맛	Light Medium	Tile #65
시티 (City)	갈색	강한 단맛과 쓴맛, 약한 신맛	Medium	Tile #55
풀 시티 (Full-City)	진한 갈색	중간 단맛과 쓴맛, 약한 신맛	Moderately Dark	Tile #45
프렌치 (French)	흑갈색	강한 쓴맛, 약한 단맛과 신맛	Dark	Tile #35
이탈리안 (Italian)	흑색	매우 강한 쓴맛, 약한 단맛	Very Dark	Tile #25

5) 로스팅 기기(Roasting Machine)의 종류

12~13세기 아랍에서는 찰흙이나 돌로 만든 그릇에 생두를 올린 후 불 위에서 로스팅한 것으로 알려져 있다. 1650년경 원통형의 로스터가 출현하였으며 19세기에 이르러 오늘날 가장 보편적으로 사용되는 드럼형 로스팅 기기가 등장하였다. 사용 연료 또한 예전에는 나무나 석탄, 숯 등을 사용하였으나 최근에는 전기나 가스 등을 주로 이용한다. 로스팅 기기의 종류는 다음과 같다.

커피 로스팅의 단계(배전도, Degree of Roast)

* 직화식(Drum Roaster)

[원리] 원통형 드럼의 회전에 의한 로스팅
통 속에 생두를 넣고 열을 가하여 생두를 볶음
[장점] 경제적이다. 커피의 맛과 향이 직접적으로 표현되어 널리 사용되는 방법
[단점] 생두의 팽창이 적고, 균일한 로스팅이 어려움

* 반열풍식

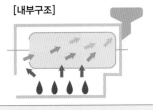

[원리] 직화식 로스터의 변형
드럼 뒤쪽에서 내부로 열풍이 전달되어 연소가스가 드럼 내부를 순환
[장점] 열효율이 높아 직화식보다 균일한 로스팅 가능
[단점] 이동이 불편하고 비용부담이 커 상용화 어려움

* 열풍식(Hot Air Roaster)

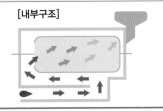

[원리] 열풍을 원두 사이로 순환시켜 로스팅
[장점] 균일하고 단시간에 로스팅이 가능
대량으로 생두를 볶을 때 사용
인스턴트 커피 제조용으로 많이 사용
[단점] 드럼로스터보다 개성의 표현이 어려움

6) 원두 보관방법

로스팅이 완료되면 즉시 로스터에서 원두를 배출시킨다. 로스터 내부의 온도 때문에 원하는 단계보다 더 진행될 수 있기 때문이다. 냉각(4분 이내)과 정선과정(불순물 제거)을 거친 후 통상 10시간 정도는 밀폐된 상태에서 원두 속에 남아 있는 탄산가스를 방출한

다. 탄산가스는 커피의 산패를 지연시키는 데 도움을 주고 원두의 신선도를 나타내는 지표가 되기도 한다. 그 후 외부 공기가 유입되지 않도록 밀봉하여 서늘하고 어두운 장소에 보관하는 것이 좋다.

- Oxidisation(산화)
- Heat(열)
- Sun light(햇빛)
- Stale(≈10days)(기간)
- Nitrogen, Vacuum(질소, 진공)

7) 로스팅 결과(원두 단면 확대사진)

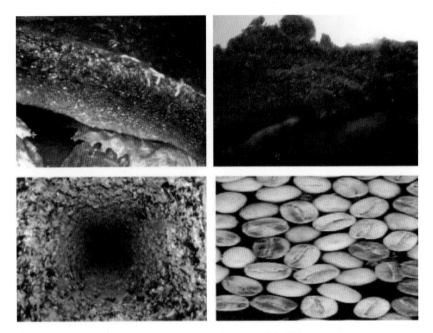

Creosote 낀 배기관 속모습   잘못 로스팅된 원두들
                                        (Baked, Scorched, Tipped, Quaker, Burnt)

8) 장비관리

배기가스 배출관에 이물질(Creosote)이 많이 끼면 로스팅된 원두 향미에 영향을 미치고 화재의 원인이 되므로 항상 로스팅기의 청소 및 관리에 만전을 기한다.

3. 커피 커핑(Coffee Cupping)

커피의 본질적인 맛을 테이스팅(tasting)하는 것으로, 커피를 감별하거나 맛에 대해 등급 매기는 것을 말한다.

커퍼(Cupper)는 커피의 색상, 맛, 향, 질감, 뒷맛 등의 커핑을 통해 얻어진 자료를 토대로 커피에 대한 구체적이고 세밀한 평가를 내리게 된다. 커핑은 단순히 산지 커피의 특성을 판단하는 것 외에도 로스팅, 블렌딩, 추출 등 다양한 측면에서 커피의 맛을 테이스팅(tasting)하는 것이다.

커핑은 커피의 품질을 평가하고 맛의 객관성을 찾기 위한 행위로 전문 커퍼들은 산지에서 생산된 생두에 대하여 구매 전에 등급을 평가하고 적정한 가격을 책정하기 위한 목적으로 커피의 맛과 향의 특성을 세밀하게 분석한다.

1) 커피 커핑에 필요한 준비물

로스팅된 원두와 90~96℃ 정도의 뜨거운 물, 커핑컵, 커핑스푼, 커핑폼, 그라인더, 온도계 등이 필요하다.

커핑컵은 강화 유리나 도기로 만들어져 온도 유지가 잘 되어야 한다.(용량 150~180ml, 지름 3~3.5인치)

커핑스푼은 굴곡이 깊은 은재질로 만들어져 4~5ml의 커피를 담을 수 있어야 한다.

2) 커핑의 과정

	**1. 원두 고르기** 커핑할 산지의 커피를 선택
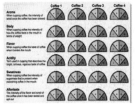	**2. 커핑 폼 준비하기** 원두의 로스팅 날짜와 커핑 날짜 등을 기재한다. 커핑을 진행하며, 이 양식의 다양한 평가 항목(aroma, sweetness, acidity, body, aftertaste)에 대한 점수를 매긴다.

3. 그라인딩
커핑 컵에 선택한 원두 8.25g을 담은 후 그라인더로 분쇄한다.

4. 냄새 맡기 – Fragrance
물을 붓기 전, 그라인더로 분쇄한 원두의 향을 맡는다. – Dry Aroma

5. 물 붓기
물을 끓인 뒤, 20초 정도 두었다가(온도 90~96℃) 커핑 컵에 6.5oz(150ml) 정도를 붓는다.

6. 4분간 기다리기
물을 붓고 4분간 기다린다. 시간이 흐르면 위에 크러스트(crust)층이 생긴다.

7. 냄새 맡기
물을 붓고 젖은 상태의 원두 향을 맡는 것 – Wet Aroma
커핑 스푼을 이용해 크러스트를 사이드로 밀고 깊게 향기를 맡는다. – Breake

8. 크러스트 걷어내기 – Skimming
두 개의 커핑 스푼을 이용하여 최대한 커피 표면이 맑게 크러스트와 거품을 걷어낸다.

9. **흡입(마셔보기) – slurping**

물을 붓고 15분 뒤, 커핑하기 적절한 온도(55~60℃)가 되면 커핑을 시작한다. 커핑 스푼으로 커피를 떠서 코로는 향기를 맡는 동시에 입안으로 공기와 함께 커피를 빨아들여 혀 전체에 전해지는 커피의 맛을 평가한다.

10. **정보 공유**

커핑 폼에 작성한 내용들을 토대로 다른 사람들과 서로의 정보를 나누고 공유한다.

03

머신학 개론

03 머신학 개론

1. 커피기계의 역사

1) 터키식

커피는 에티오피아에서 처음으로 발견되어 아라비아 지역에 뿌리를 박으면서 그 향을 주변 나라로 퍼뜨렸다. 이때는 주로 열매 자체를 끓여서 마셨다. 커피의 재배는 아라비아 지역에만 한정되었으며, 커피의 종자가 다른 지역으로 나가지 못하도록 이슬람 세력의 통제와 보호를 받았다.

이후 중앙아시아의 북쪽 끝인 터키에 이르러 열매를 볶은 다음 분쇄하여 끓여 먹는 방법이 성행했는데, 이것이 오늘날 터키식 커피이다. 이것은 커피가 종교적인 카테고리를 벗어나 대중적인 음료로 확산되기 시작했음을 의미한다.

터키식 커피는 가장 오래된 커피 추출방법으로 알려져 있다. 원래 이집트 카이로에서 유래하여 중동 지역에 널리 퍼져 있는데 오스만 튀르크 제국이 이 지역을 정복한 후 이 추출법이 터키에도 전파되어 오늘날 터키식 커피로 알려지게 되었다. 지금은 중동 지역과 터키, 발칸 반도, 헝가리 등지에서 널리 사용되고 있다. 이 추출법은 물과 커피를 혼합하여 가열한 후 커피 찌꺼기를 거르지 않고 마시므로 강한 바디를 느낄 수 있으나 찌꺼기가 섞여 있어 뒷맛이 텁텁할 수 있다. 그러므로

터키식 커피는 전용 커피를 구입하거나 터키식 커피 전용 그라인더를 이용해 에스프레소보다 더 곱게 분쇄해서 사용해야 한다.

터키식 커피 추출 기구는 원래 Cezve이며 Ibrike은 뚜껑이 달린 물주전자를 의미한다. 그런데 그리스에서는 추출 기구를 Briki라 불렀는데 그리스 이민자들에 의해 미국 등지에 터키식 커피가 알려지면서 이를 Ibrik이라 부르게 되었다. 요즘은 이 둘을 섞어서 사용하고 있다.

체즈베(Cezve)

그러던 중 12~13세기에 걸쳐 이슬람권을 침입해 온 유럽의 십자군이 커피 맛을 보게 되었고, 이들에 의해 유럽에도 알려지기 시작했다. 기독교권인 유럽에서는 초기 커피를 이교도의 음료라고 배척하였으나, 로마 황실에서 커피를 인정함으로써 유럽 전역으로 빠르게 전파되었다.

2) 핸드 드립

17~18세기 무렵에는 유럽 각지에서 커피가 대중화되었고, 도시 곳곳에 커피하우스가 생겼다.

이때까지만 해도 커피 음용방법은 물에 커피가루와 설탕을 함께 넣은 다음 끓여서 마시는 터키식 커피가 주류였다. 문제는 가루가 입안에 남는다는 것이었는데, 이를 없애기 위해 커피를 끓인 다음 천으로 걸러서 마시는 방법이 고안되었고, 그 이후 필터에 커피를 먼저 담은 다음 그 위에 뜨거운 물을 부어 추출하는 드립커피

가 창안되었다.

　진한 터키식 커피맛에 익숙했던 당시 사람들이 연한 드립커피를 수용하기까지에는 많은 시간이 걸렸을 것이다. 그러나 커피의 잡미가 터키식 커피보다 적고 뒷맛이 깔끔하다는 사실이 알려지면서 드립커피를 즐기는 사람들이 크게 늘었다.

　때문에 18세기 유럽의 카페에서는 터키식 커피부터 드립식 커피에 이르기까지 다양한 추출방법이 고안되고 실험되면서 커피의 발전을 이끌었다.

3) 증기압을 이용한 추출

　터키식 커피나 드립커피는 추출시간이 오래 걸린다는 단점이 있었다. 커피의 인기가 높아지고 대중화됨에 따라 커피하우스에서는 더욱 많은 손님에게 좀 더 빨리 커피를 제공할 수단이 요구되었고, 그 대안은 이탈리아에서 나왔다. 19세기 이탈리아 북부지역을 중심으로 커피의 추출속도를 올리기 위한 여러 가지 기계가 고안되었다.

　추출 속도는 곧 판매량과도 직결되기 때문에 분쇄된 입자들 사이로 뜨거운 물을 빠르게 통과시킬 수단이 필요했다. 이를 위해 동원된 것이 증기압이었다. 다양한 실험을 거치면서 1840년대에는 기압으로 커피의 추출속도를 높이는 여러 가지 기계들이 개발되었는데, 그 대표적인 것이 지금의 버큠포트(사이펀) 방식이라 할 수 있는 진공추출법이다.

버큠포트 방식은 밀폐된 용기에 물을 담고 끓이면 끓는 물이 증기의 압력에 의해 다른 용기로 이동하게 되고 가열을 멈추면 압력이 떨어지면서 다시 원래의 용기로 복귀하는 원리를 응용한 것으로 당시로서는 획기적인 발명이었다. 드립에 비해 추출력이 강할 뿐만 아니라 시각적 효과도 그만이어서 선풍적인 인기를 끌었다. 방식은 다르지만 증기압을 이용한다는 면에서 그것은 이후 에스프레소 커피머신의 탄생을 예고하는 신호탄이기도 했다.

4) 에스프레소 머신

한편 더욱 진한 커피를 선호했던 사람들은 커피 추출속도를 배가하기 위한 여러 가지 실험을 계속하고 있었는데, 그중 대표적인 것이 증기압을 이용해 뜨거운 물을 강제로 밀어냄으로써 커피가루 사이를 빠르게 통과시키는 방법이었다.

1901년 이탈리아 밀라노의 베제라(Luigi Bezzera)가 몇 차례의 실험 끝에 증기압을 이용한 머신을 처음으로 개발해 발표하면서 특허를 취득했다. 이때 나온 베제라 커피머신의 특징은 필터 홀더에 한 잔이나 두 잔 분량의 커피가루를 채우고 컵에 직접 추출하는 방식이었다.

1905년에는 데지데리오 파보니(Desiderio Pavoni)가 한층 완성도를 높인 커피머신을 개발했다. 그는 이탈리아의 카페를 중심으로 라 파보니(La Pavoni) 커피머신을 활발하게 보급함으로써 대중화의 물꼬를 텄다. 그러나 이 기계로 얻을 수 있는 증기압은 1.5기압 정도에 불과했기 때문에 한꺼번에 많은 잔의 커피를 연달아 뽑아내기 어렵다는 문제가 있었다. 이때부터 커피머신의 압력을 높이기 위한 여러 가지 시도와 시행착오가 이어졌다.

증기압을 올리는 것만이 능사가 아니라고 판단한 기술자들은 새로운 방법으로 눈을 돌렸다. 그것은 뜨거운 물을 밀어내는 새로운 압력수단을 무엇으로 얻을까 하는 것이었다. 그 대안으로 수돗물의 압력을 이용해 보일러의 뜨거운 물을 밀어내는 머신이 고안되었지만, 온도관리가 어렵고 지역에 따라 수돗물의 압력이 달라 상용화가 어렵다는 단점이 있었다.

그러던 중 밀라노에서 카페를 경영하던 아킬레 가

찌아(Achille Gaggia)에 의해 획기적인 방안이 나왔다. 그는 이미 보급되었던 기존의 증기압 머신을 개조한 새로운 방식의 커피머신을 개발, 특허를 취득함으로써 관심을 집중시켰다. 바로 피스톤의 원리를 응용한 레버식 커피머신이었다.

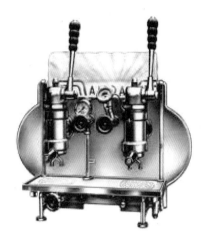

가찌아 커피머신은 레버에 피스톤을 연결시킨 것으로 원리는 비교적 간단하다. 레버를 끌어올리면 피스톤이 함께 올라가면서 그 아래 공간에 유입된 뜨거운 물을 순간적으로 눌러 강한 압력으로 커피를 뽑아내는 원리이다. 그 과정에는 용수철을 이용한 지렛대의 원리가 동원되었다. 이를 바탕으로 레버를 올릴 때 그 안의 용수철이 동시에 압축되도록 함으로써 적은 힘으로도 추출이 가능하게 되었다.

가찌아 커피머신은 적절한 온도를 유지하면서 추출압력 9기압 정도의 고압을 가할 수 있는 장점이 있었다. 또 힘 조절이나 온도 조절을 통해 추출 시의 미세한 맛 조절도 가능하게 되었다. 이러한 장점 때문에 피스톤식 커피머신은 유럽의 카페들을 중심으로 급속히 보급되었다. 이 피스톤의 원리를 이용한 추출방식은 현재의 매뉴얼식 에스프레소 커피머신의 기초가 되고 있다.

5) 현대적 커피머신

피스톤식 커피머신도 완벽한 것은 아니었다. 무엇보다 높은 온도에서 에스프레소의 추출이 이루어짐에 따라 크레마와 향이 빨리 없어진다는 것이 '옥에 티'였다. 이를 보완하는 과정에서 증기압 대신 수압을 이용하는 머신이 개발됐다.

1958년 훼마(Faema)의 달라 코르테(Dalla Corte) 외 2인이 개발한 현대식 커피머신이 그것이다. 이로써 오늘날과 같은 보일러 시스템과 전동 펌프를 장착한 진보적인 커피머신이 탄생했다.

이 커피머신은 물관이 보일러 안을 통과하는 동안 간접적으로 가열되어 적당한 온도의 뜨거운 물이 커피에 공급되는 구조로, 오늘날까지 그 기초가 유지되고 있다.

이에 따라 기존 보일러의 결점이 극복되었으며, 기계의 크기도 현저하게 작아졌다. 커피 추출과 스팀 사용이 편리해졌고, 스팀의 온도도 별도로 조절할 수 있게 되었다. 또 그 이전의 대용량 보일러에서는 탱크 내에 일정량의 물이 남아 있었지만, 새로운 보일러 시스템에서는 항상 깨끗하고 신선한 물을 사용할 수 있게 되었다. 현재도 일체형 보일러는 이 시스템을 그대로 사용하고 있다.

6) 독립보일러 커피머신

훼마 커피머신은 수직구조였던 기존의 기계를 수평형으로 바꾸는 계기가 되었다. 이는 에스프레소 커피를 근간으로 하는 커피바의 비약적인 발전을 가져왔으며, 작업 능률과 편의성을 더욱 증대시키는 요인이 되기도 했다. 피스톤에 의해 수동으로 가했던 압력을 전동펌프가 대신하면서 항상 9Bar 정도의 압력을 일정하게 유지할 수 있게 된 것도 큰 소득이었다. 일정한 맛의 커피를 더욱 간편하게 추출할 수 있게 됨으로써 커피사업의 대형화, 즉 프랜차이즈(franchise)화가 가능해졌기 때문이다.

이후 이 시스템이 이탈리아의 모든 기계에 응용되었고, 많은 회사에서 다양한 제품을 경쟁적으로 만들게 되었다. 그러나 2000년 이후부터 커피머신은 더욱 섬세하게 바뀌고 있다. 스페셜티 커피 바람이 불면서 로부스타

보다 아라비카의 사용비율이 높아졌고, 그에 따라 커피머신도 더욱 진화하게 된 것이다.

아라비카 커피는 로부스타에 비해 온도에 민감하다. 이 때문에 온도 콘트롤을 더욱 쉽게 하고 온도 변화를 최소화시키기 위한 새로운 시스템, 즉 독립보일러 시스템이 개발되었다.

독립보일러 시스템은 그룹마다 소형 보일러를 따로 장착한 것으로, 아주 미세한 온도의 조절이 가능한 제품이다.

	개발시기	개발자
커피머신의 탄생과 발전	1901년	Luigi Bezzera
	1905년	Desidero Pavoni
	1938년	Cremonesi
	1939년	Achille Gaggia
	1947년	Giuseppe Bambi

2. 커피머신의 종류

구 분	추출방법	그라 인더	가압 펌프	플로우미터	커피 추출 온수	탬핑
수동식 머신	스프링을 이용하여 피스톤 레버를 손으로 당겨 커피를 추출하는 방식	외부	무	무	보일러 온수	유
반자동머신 (수동식)	추출 버튼을 손으로 눌러 커피 추출 후 손으로 눌러 커피 추출을 정지시키는 방식	외부	유	무	열교환기	유
반자동머신 (자동식)	추출 버튼을 손으로 눌러 커피 추출 후 자동으로 커피 추출을 정지시키는 방식	외부	유	유	열교환기	유
자동머신	추출 버튼을 손으로 누르면 자동으로 원두가 분쇄되면서 커피만 추출하는 방식	내부	유	유	커피 추출 보일러	무
전자동머신	추출 버튼을 손으로 누르면 자동으로 원두가 분쇄되면서 커피를 추출하는 방식 및 라떼, 카푸치노 등의 배리에이션 음료를 자동 제조하는 방식	내부	유	유	커피 추출 보일러	무

1) 수동 커피머신

구 분	추출방법
수동식 머신	스프링을 이용하여 피스톤 레버를 손으로 당겨 커피를 추출하는 방식

커피 추출방식 및 관련 부품				
그라인더	가압펌프	플로우미터	커피 추출온수	탬핑
외부	무	무	보일러온수	유

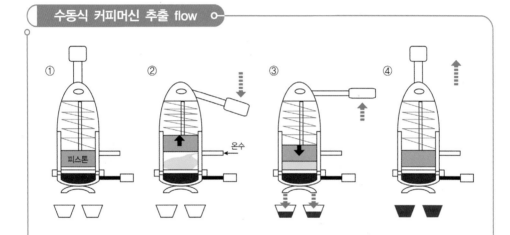

① 포터필터에 원두를 담아 그룹헤드에 끼워준다.

② 핸들을 아래로 내리면 피스톤 스프링이 올라가면서 온수를 유입한다.

③ 핸들을 반 정도 올려주면 커피가 추출되기 시작한다.

④ 손을 놓으면 핸들이 서서히 올라가면서 커피가 완전히 추출된다.

2) 반자동 커피머신(수동)

구 분	추출방법
반자동머신 (수동식)	추출 버튼을 손으로 눌러 커피 추출 후 손으로 눌러 커피 추출을 정지시키는 방식

커피 추출방식 및 관련 부품				
그라인더	가압펌프	플로우미터	커피 추출온수	탬핑
외부	유	무	열교환기	유

❖ 반자동 커피머신(수동) 커피 추출 flow

① 커피 추출버튼을 손으로 눌러준다.

② 가압펌프가 가동된다.

③ 열교환기로 냉수가 바로 인입된다.

④ 솔레노이드밸브가 열리면서 온수가 유출되며 커피가 추출된다.

⑤ 커피가 샷 글라스에 채워지면 커피 추출버튼을 손으로 눌러준다.

3) 반자동 커피머신(자동)

구 분	추출방법
반자동머신 (자동식)	추출 버튼을 손으로 눌러 커피 추출 후 자동으로 커피 추출을 정지시키는 방식

커피 추출방식 및 관련 부품				
그라인더	가압펌프	플로우미터	커피 추출온수	탬핑
외부	유	유	열교환기	유

🌰 반자동 커피머신(자동) 커피 추출 flow

① 커피 추출버튼을 손으로 눌러준다.

② 가압펌프가 작동된다.

③ 냉수가 플로우미터를 통과하면서 커피 추출량의 흐름을 감지하여 시작한다.

④ 열교환기로 냉수가 인입된다.

⑤ 솔레노이드밸브가 열리면서 온수가 유출되며 커피가 추출된다.

⑥ 플로우미터가 세팅된 만큼 커피가 샷 글라스에 채워지면 자동으로 정지시킨다.

4) 자동 커피머신(커피만 추출)

구 분	추출방법
자동머신	추출 버튼을 손으로 누르면 자동으로 원두가 분쇄되면서 커피만 추출하는 방식

커피 추출방식 및 관련 부품				
그라인더	가압펌프	플로우미터	커피 추출온수	탬핑
내부	유	유	커피 추출보일러	무

♨ 자동 커피머신 커피 추출 flow

① 호퍼에 원두를 담는다.

② 커피 추출 버튼을 누른다.

③ 그라인더가 세팅된 시간만큼 원두가 자동으로 그라인딩되며 내부 챔버로 떨어진다.

④ 추출 챔버에 갈린 원두가 들어가면 챔버가 움직이며 원두를 압축시켜 준다.

⑤ 펌프가 작동된다.

⑥ 플로우미터 커피 추출량의 흐름을 감지하기 시작한다.

⑦ 열교환기로 냉수가 인입된다.

⑧ 솔레노이드밸브가 열리며 커피가 추출되기 시작한다.

⑨ 플로우미터가 세팅된 만큼 커피가 샷 글라스에 채워지면 감지해서 자동으로 정지시킨다.

5) 전자동 커피머신(커피 추출 및 배리에이션 커피 추출)

구 분	추출방법
전자동머신	추출 버튼을 손으로 누르면 자동으로 원두가 분쇄되면서 커피를 추출하는 방식 및 라떼, 카푸치노 등의 배리에이션 음료를 자동 제조하는 방식

커피 추출방식 및 관련 부품				
그라인더	가압펌프	플로우미터	커피 추출온수	탬핑
내부	유	유	커피 추출보일러	무

🌰 전자동 커피머신 커피 추출 flow

① 라떼의 경우 추출 버튼을 누르면 자동머신과 동일하게 커피를 추출한다.

② 스팀 솔레노이드밸브가 열리면서 스팀이 유출된다.

③ 지나가는 스팀의 압력으로 우유가 빨려온다.

④ 우유와 스팀이 섞인다.

⑤ 섞인 우유는 커피 추출 챔버를 거치면서 스티밍된다.

⑥ 스티밍된 우유가 컵에 담긴다.

3. 커피 추출방식에 따른 머신 구분(2그룹 기준)

구 분	보일러 수량	히터 수량	커피 추출방식	보일러 개요
단일형 보일러	1	1	간접가열방식	1. 온수 + 스팀 + 커피 추출온수
분리형 보일러	2	2	직접가열방식	1. 온수 + 스팀 2. 커피 추출온수 1개
개별형 보일러	3	3	직접가열방식	1. 온수 + 스팀 2. 커피 추출온수 2개
			간접가열방식	1. 온수 + 스팀 2. 커피 추출온수 2개
혼합분리형 보일러	2	2	간접가열방식 + 직접가열방식	1. 온수 + 스팀 + 1차 커피 추출온수 2. 2차 커피 추출온수 1개
혼합개별형 보일러	3	3	간접가열방식 + 직접가열방식	1. 온수 + 스팀 + 1차 커피 추출온수 2. 2차 커피 추출온수 2개

1) 단일형 커피머신

구분	보일러 수량	히터 수량	커피 추출방식	보일러 개요
단일형 보일러	1	1	간접가열방식	1. 온수 + 스팀 + 커피 추출온수

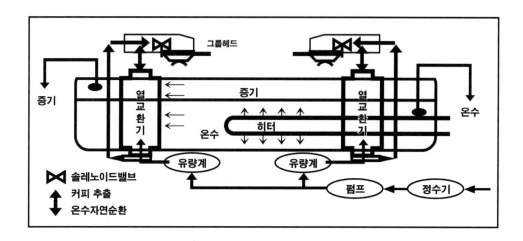

① 커피 추출 flow

정수기 → 펌프 → 유량계 → 열교환기 → 그룹헤드 솔레노이드밸브 → 그룹헤드 → 그룹헤드 → 커피 추출

② 열교환기 온수 자연 순환 flow

열교환기 하부 → 외부 순환 배관 → 그룹헤드 → 열교환기 상부 → 열교환기

2) 분리형 커피머신

구분	보일러 수량	히터 수량	커피 추출방식	보일러 개요
분리형보일러	2	2	직접가열방식	1. 온수 + 스팀 2. 커피 추출온수 * 1

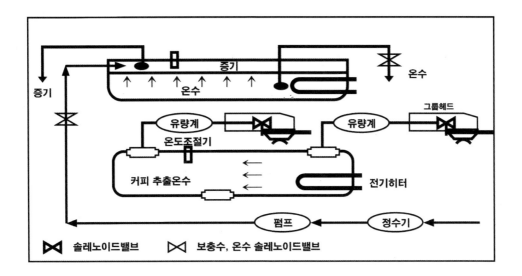

① 커피 추출 flow

정수기 → 펌프 → 커피 추출온수 → 유량계 → 그룹헤드 솔레노이드밸브 → 그룹헤드 → 커피 추출

② 온수 유출 flow

정수기 → 펌프 → 보충수 솔레노이드밸브 → 스팀보일러 → 온수, 증기 유출

3) 개별형 커피머신

(1) 개별형 커피머신(전기히터 내장형)

구분	보일러 수량	히터 수량	커피 추출방식	보일러 개요
개별형 보일러	3	3	직접가열방식	1. 온수 + 스팀 2. 커피 추출온수 * 2

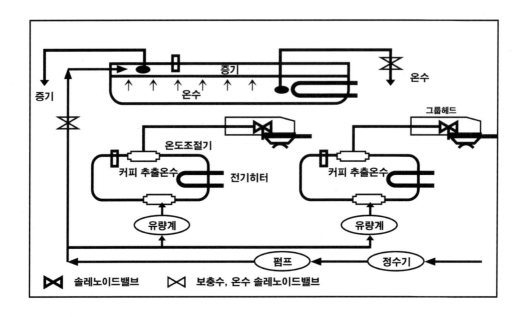

① 커피 추출 flow

정수기 → 펌프 → 유량계 → 커피 추출온수 * 2 보일러 → 그룹헤드 솔레노이드 밸브 → 그룹헤드 → 커피 추출

② 온수 유출 flow

정수기 → 펌프 → 보충수 솔레노이드밸브 → 스팀보일러 → 온수, 증기 유출

(2) 개별형 커피머신(전기히터 외장형)

구분	보일러 수량	히터 수량	커피 추출방식	보일러 개요
개별형 보일러	3	3	간접가열방식	1. 온수 + 스팀 2. 커피 추출온수 * 2

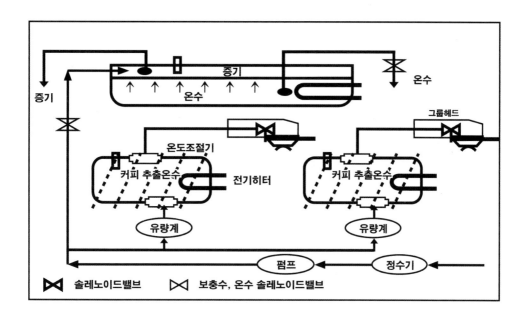

① 커피 추출 flow

정수기 → 펌프 → 유량계 → 커피 추출온수 * 2 보일러 → 그룹헤드 솔레노이드 밸브 → 그룹헤드 → 커피 추출

② 온수 유출 flow

정수기 → 펌프 → 보충수 솔레노이드밸브 → 스팀보일러 → 온수, 증기 유출

4) 혼합분리형 커피머신

구분	보일러 수량	히터 수량	커피 추출방식	보일러 개요
혼합분리형 보일러	2	2	간접가열방식 + 직접가열방식	1. 온수 + 스팀 + 1차 커피 추출온수 2. 2차 커피 추출온수 * 1

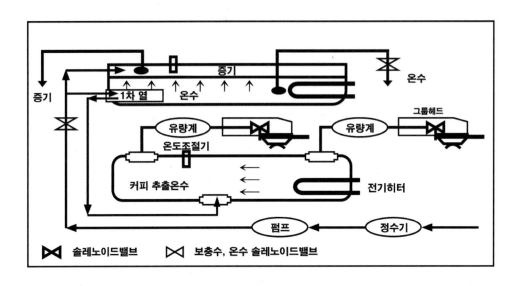

① 커피 추출 flow

정수기 → 펌프 → 1차 온수 열교환기 → 커피 추출온수 → 유량계 → 그룹헤드 솔레노이드밸브 → 그룹헤드 → 커피 추출

② 온수 유출 flow

정수기 → 펌프 → 보충수 솔레노이드밸브 → 스팀보일러 → 온수, 증기 유출

5) 혼합개별형 커피머신

구분	보일러 수량	히터 수량	커피 추출방식	보일러 개요
혼합개별형 보일러	3	3	간접가열방식 + 직접가열방식	1. 온수 + 스팀 + 1차 커피 추출온수 2. 2차 커피 추출온수 * 2

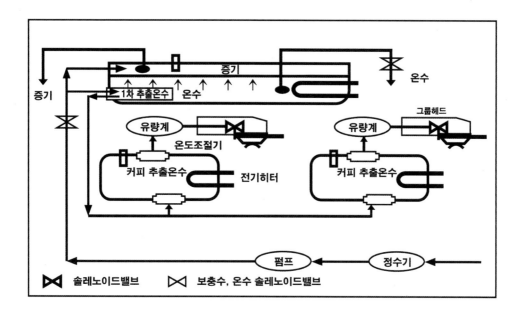

① 커피 추출 flow

정수기 → 펌프 → 1차 온수열교환기 → 커피 추출온수 * 2 보일러 → 유량계 → 그룹헤드 솔레노이드밸브 → 그룹헤드 → 커피 추출

② 온수 유출 flow

정수기 → 펌프 → 보충수 솔레노이드밸브 → 스팀보일러 → 온수, 증기 유출

6) 각 커피머신의 특징

구 분	단일형 보일러	분리형 보일러	개별형 보일러	혼합형 보일러
1. 보일러 수량	1개	2개	3개	3개
2. 가열히터 수량	1개	2개	3개	3개

구 분	단일형 보일러	분리형 보일러	개별형 보일러	혼합형 보일러
3. 커피 추출 열교환기	있음	없음	없음	없음
4. 커피 추출 보일러	없음	있음	있음	있음
5. 커피 추출 가열히터	없음	있음	있음	있음
6. 가열방식	간접가열방식	직접가열방식	직접가열방식	간접가열방식 직접가열방식
7. 커피 추출온도 조절	스팀압력	온도조절기	온도조절기	스팀, 온수 및 온도조절기
8. 커피 추출온도 조절	냉수	냉수	냉수	온수
9. 보일러 내 초기 온도	열교환기 온수 : 115~120℃	커피 추출보일러 : 98℃	커피 추출보일러 : 98℃	커피 추출보일러 : 98℃
10. 초기 추출 시 온도	높다	일정 유지	일정 유지	일정함
11. 연속 추출 시 온도	낮아짐	일정함	낮아짐	일정함
12. 스팀탱크 용량	10~15L	7~15L	10~15L	10~15L
13. 열교환기와 커피 보일러 용량	100~600ml	3~5L	300~1,000ml	300~1,000ml 3~5L
14. 그룹헤드 연결 방법	열교환기와 그룹 배관 연결형 그룹헤드 일체형	보일러와 그룹헤드 일체형	보일러와 그룹헤드 일체형	보일러와 그룹헤드 일체형
15. 스팀 사용 압력	1.0~1.2bar	1.0~1.5bar	1.0~1.5bar	1.0~1.5bar
16. 히터 용량 (스팀용/커피용)	3~5kw	커피탱크 1.0~2.5kw 스팀탱크 3~5kw	커피탱크 600W~2.5kw 스팀탱크 3~5kw	커피탱크 600W~2.5kw 스팀탱크 3~5kw

4. 에스프레소 머신의 부품 및 이해

1) 공통부품

(1) 전기히터

1열 히터	2열 히터
3열 히터	소형머신 히터

전기히터는 밀폐된 용기인 보일러 내의 냉수를 가열시켜 온수를 만들고 온수는 스팀을 발생시킨다. 열교환기의 냉수도 간접 가열시켜 온수를 만들어주며 전열기의 재질은 동이나 스테인리스 스틸로 만들어지는데 주로 동을 사용한다. 동 재질의 전열기는 물과 접촉하면 산화구리가 된다. 전기히터의 제작은 동파이프에 절연재가 니크롬선을 감싸주어 누전을 방지해 주고 최대 가열온도는 350℃ 정도이며 전기히터의 표면에 스케일이 부착되어 효율이 떨어지는데, 그로 인해 전기히터는 100%의 효율을 얻을 수 없다.

고장 원인	– 히터의 절연이 파손되었을 경우 – 히터 전선 조임이 헐거워졌을 경우 – 히터 전선 단자가 빠졌을 경우 – 스팀압력스위치가 고장났을 경우 – 보일러에 물이 없을 경우

2) 펌프

(1) 바이브레이션 펌프(진동펌프)

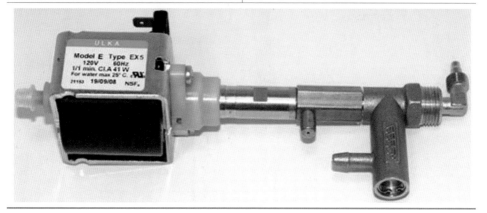

일반적인 진동펌프는 가정용이나 사무실에서 사용하는 소형 커피머신에 쓰는 펌프로서 가격이 저렴하고 펌프의 구조가 간단하여 소형으로 제작 가능한 장점이 있다. 초기 가동 시 펌프에 물이 채워지기 전에는 소음이 심하게 발생하고 먼 거리에서 물을 끌어당기는 힘이 부족하다. 저항이 없을 시에는 15bar의 압력이 걸리지만 커피 추출 시 원두의 굵기에 따라 추출압력이 떨어져서 추출압력을 손쉽게 조절하기 어렵다. 연속적 추출 시에는 펌프에 무리가 생길 수 있어 유휴시간이 필요하므로 가정용 소형머신이나 소형 자동머신에 사용된다.

(2) 회전펌프(로터리펌프)

회전펌프는 회전형 날개가 달려 있는 회전축이 돌아가면서 압력을 상승시켜 주는 역할을 한다. 커피의 추출압력인 8~10kg/㎠로 상승시키므로 인입되는 물의 압력이 없어도 일정한 추출압력을 유지시켜 줄 수 있는 자흡가압 방식으로 만들어져 있다. 또한 진동펌프와 달리 펌프의 수압조절 나사를 이용하여 커피 추출압력을 임의적으로

조절할 수 있으며 주로 업소용 반자동 커피머신과 대형 자동머신에 사용된다.

3) 스팀부분 부품

(1) 진공방지기(vacuum breaker valve)

– 에어밸브라고도 하며, 보일러의 공기를 빼주는 역할을 한다.

– 커피머신이 정지되어 있는 경우 보일러 내부는 물과 공기로 차 있다. 이때 차 있는 공기는 대기상태가 되며 머신 가동 시 전기히터의 가열로 온수가 증발되기 시작하면 스팀이 발생하기 시작하고 보일러에 남아 있는 공기는 진공방지기를 통해 밖으로 배출된다. 이후 순수한 스팀 압력으로 채워지기 시작하면 보일러에 채워진 스팀이 외부로 유출되는 것을 방지해 준다.

(2) 솔레노이드밸브

헤드부착형	배관부착형

솔레노이드밸브의 작동 원리는 내부 자석의 힘을 이용한 것으로 전기에너지를 자기에너지로 바꾸어주는 변환장치이다. 코일에 전원을 투입하면 자석의 힘이 형성되어 철심을 끌어올려 물을 통과시키고 전원이 차단되면 자석의 힘이 없어지고 스프링의 힘으로 물의 흐름을 차단시켜 준다.

(3) 과열방지기

과열방지기는 전기히터와 연결되어 있고 보일러 과열 시 전기히터의 작동을 차단시켜 주는 역할을 하는 안전장치이다. 종류로는 보일러 외부에 부착하는 외부 부착형과 전기히터 내부에서 온도를 감지하는 열선 감지형이 있으며, 외부 부착형의 경우 수동 복구형과 자동 복구형이 있다.

과열방지기 작동 원리

1. 스팀 압력스위치 불량
2. 보일러 보충수 유입이 안 된 경우
3. 2 way solenoid valve 작동 불량인 경우
4. 수위조절기가 전기히터보다 낮게 유지되는 경우
5. 단수 및 정수기가 막혔을 경우
6. 스케일로 배관이 막혔을 경우

(4) 스팀 압력스위치

스팀 압력스위치는 커피머신에 세팅되어 있는 기준에서 전기히터의 가동과 정지가 자동으로 작동하게 되어 있으며 보일러에서 스팀을 항상 일정한 압력상태로 유지하게 해주는 장치이다. 조절기 외에 작동은 보일러에 설정된 압력에서 보일러 내 스팀 증가나 감소 시 보일러의 스팀 사용량에 따른 부하 변동에 적절히 대응하도록 하는 것이다.

(5) 수위조절기(전극봉)

보일러 내 수위의 변화를 감지하였을 때 (스팀이나 온수의 사용으로 최고수위 이하로 낮아졌을 경우) 수위의 변화를 편차 신호로 수위조절기가 이를 감지하고 가압펌프와 2 way solenoid valve를 작동시켜 보일러 내 보충수를 보급하고 전극봉 하단의 최고수위에 도달하면 수위 정지신호를 수위조절기로 전달, 가압펌프와

2 way solenoid valve의 작동을 정지시켜 보충수의 공급을 차단시킨다.

(6) 릴리프밸브(Relief Valve)

릴리프밸브는 스팀 압력이 설정된 압력 이상으로 높아지면 보일러가 파손될 염려가 있기 때문에 스프링을 밀어 올려 보일러 내의 스팀을 일시적으로 일부 배출시켜 주며 설정된 압력 이하로 떨어지면 스프링이 원위치로 복귀되어 재사용할 수 있는 안전장치이다. 설정된 압력을 임의로 조절할 수 없도록 고정되어 있다.

릴리프밸브의 종류

(7) 스팀 압력계

스팀의 발생 압력을 기계적인 장치로 표시해 주고 스팀 압력계라 부르는 관은 고리처럼 굽고 속이 비어 있는 금속관으로 끝은 막혀 있으며 압력 표시판에 지시 바늘에 연결되어 있다. 스팀 압력계만 전용으로 표시해 주는 게이지가 있으며 스팀압력계와 수압계를 같이 사용하는 스팀, 수압계 혼합게이지도 있다.

(8) 스팀 압력프레셔와 스팀노즐

 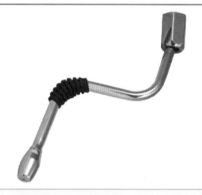

스팀 압력프레셔	스팀노즐

(9) 수동급수밸브

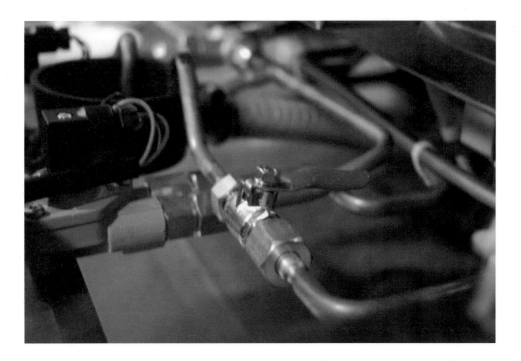

수동급수장치는 보일러 내 스팀 생성으로 줄어든 은수의 물을 공급하는 보충수 슬레노이드밸브의 고장으로 보충수를 공급하지 못하는 경우가 발생되면 전기히터의 훼손 등 안전사고를 방지해 주는 장치이다. 수동급수밸브의 작동은 밸브를 누르거나 당기면 쉬하는 소리와 동시에 물이 공급되면 수면계에서 수위가 올라가는 것을 확인하고 수면계의 수위가 사용 중인 위치에 도달했을 때 밸브에서 손을 놓으면 보충수가 유입된다.

4) 커피 추출 관련 부품

(1) 유량계

유량계는 커피 추출량을 조절해 주는 부품이다. 물의 흐름을 감지하는 방법으로는 물이 밀폐된 공간의 임펠라에 부착되어 있는 자석과 같이 회전하면서 회전력에 의한 자력을 발생시킨다. 발생된 자력은 유량계 상부의 픽업코일에서 인식되어 전자력의 강도에 따른 물 흐름망을 측정한다. 물의 흐름이 빠르거나 늦거나 해도 세팅된 양만큼 커피가 추출되며 유량계에는 인입 측과 토출 측이 화살표 방향으로 표시되어 있고 인입 측 구멍은 토출 측 구멍보다 작게 만들어져 있다.

(2) 3 way solenoid valve

커피 추출 시에만 사용되며 커피 추출 후 그룹헤드와 추출 배관에 남아 있는 온수를 배출시켜 준다. 추출 버튼을 누르면 펌프 작동과 동시에 슬레노이드밸브가 열리며 커피가 추출되는 양만큼 슬레노이드밸브가 작동된다. 세팅된 커피 추출 후

펌프 정지와 동시에 슬레노이드밸브가 닫혀 커피 추출을 정지시킨다.

헤드부착형	배관부착형

(3) 수압계

수압의 발생 압력을 기계적인 장치로 표시해 주며 수압계의 부르돈관은 고리처럼 굽고 속이 빈 금속관으로 끝은 막혀 있으며 압력 표시판에 지시 바늘이 연결되어 있고 대기압에선 문자판의 바늘이 0을 가리키도록 세팅되어 있다. (계기압력)

관 내부의 스팀이 만들어질 때 작용하는 물의 압력에 비례하여 관이 펴지

면서 지침 바늘의 톱니바퀴를 움직여 생성된 물의 압력을 표시해 준다.

일반적인 보일러에 사용되는 수압계에서는 사용하는 압력을 표시해 준다.

– 수압계 사용범위 : 8.0~10bar

최고 사용 압력을 표시해 주는 수압계도 있다.

– 수압계 최고 사용범위 : 13~15bar

(4) 온도조절기

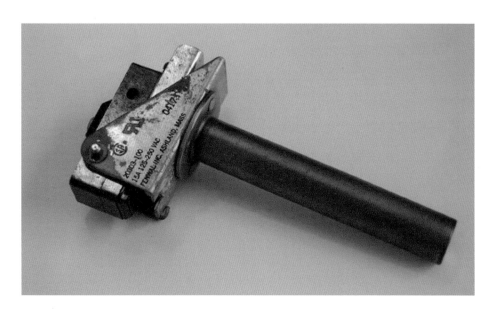

온도조절기는 분리형, 개별형 등 커피 추출 전용 보일러에서 일정한 온도를 유지
시키기 위해 사용하는 부품으로 보일러 내 온수의 온도변화 상태를 감지하여 전기
히터의 가동과 정지를 자동으로 조정해 주는 장치이다. 일반적으로 세팅된 온수
온도에 도달하면 전기히터의 가동을 정지시키고 온수 온도가 낮아지면 전기히터

를 가동시켜 온도를 상승시켜 주는 역할을 한다.

단일형 보일러에는 온도조절기가 없다.

(5) 전기시스템

〈전압에 의한 ECM의 반응〉

전압이 낮음(대략 215V 이하)	전압이 높음(대략 230V 이상)
- 기계 내부의 펌프 스타팅이 잘 안 되어 펌핑 압력이 저하됨 - 보일러 히터의 히팅 시간이 길어짐 - 컴퓨터 내장방식의 경우 트롤러에 무리가 발생 - 전자밸브(Solenoid Valve)의 개폐가 원활하지 못함	- 기계 내부 펌프의 망실 우려 - 보일러 히터의 망실 우려 - 컴퓨터 회로기판의 망실 우려 - 전자밸브의 망실 우려 - 누전현상

(6) 그룹헤드

　　그룹헤드는 커피를 추출하는 부품이며 열은 뜨거운 곳에서 찬 곳으로 이동된다. 그룹헤드를 데워주는 방식은 관통형, 내장형 그룹헤드 온수순환 흐름이 다르다. 관통형 온수순환 흐름은 열교환기 상부 배관이 그룹헤드를 지난 후 하부 배관을 지나 열교환기로 들어가며 열의 자연 순환방식을 이용하여 그룹헤드를 데워준다. 내장형 온수순환 흐름은 그룹헤드를 열교환기에 직접 부착시켜 그룹헤드를 데워주는 방식이다. 내장형 온수순환의 그룹헤드 가열방식에서 그룹헤드에 전기히터를 부착시켜 그룹헤드의 온도를 일정하게 유지시켜 주는 방식도 있다.

5. 그라인더의 부품 및 이해

❧ 그라인더 부품의 명칭

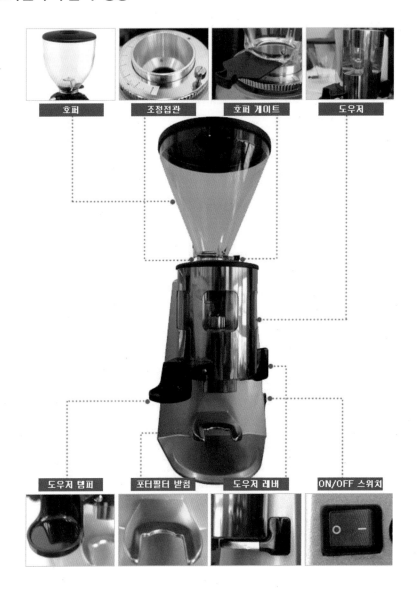

호퍼   조정접관   호퍼 게이트   도우저

도우저 템퍼   포터필터 받침   도우저 레버   ON/OFF 스위치

1) 칼날(버: Burr)

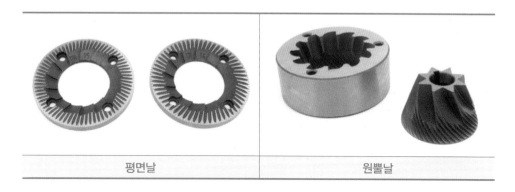

평면날	원뿔날

에스프레소를 추출하기 위해서는 원두가 미세하게 분쇄되어야 하며 커피의 품질에 가장 큰 영향을 주는 것이 Burr의 상태이다. Burr는 상, 하 두 개의 원형으로 나누어져 있으며 일반적으로 상부에 있는 Burr는 회전하지 않고 고정되어 있다. 조정접관 하부 고정 Burr에 부착된 상부 Burr는 조정접관의 나사선에 의해 회전하며 원두의 분쇄 입도를 조절할 수 있고, 하부의 Burr는 회전모터의 축에 부착 고정되어 있으며 하부 Burr가 회전하면서 원두를 분쇄시켜 주는 역할을 한다.

항시 균일한 입자로 분쇄되어야 하며 원두의 마찰을 줄여 열 발생이 적으며 에스프레소 추출에 알맞은 굵기와 조정이 용이해야 한다. 일반적으로 칼날은 스테인리스 스틸로 만들어져 있으며 예전에는 칼날을 분해하여 청소했지만 요즘에는 칼날 청소용 알약을 이용한다.

2) 조정접관

조정접관의 분쇄입도 조절방 법은 나사를 돌리듯 좌, 우로 움 직이는 것이며 조정접관 상부에 있는 고장 Burr를 상, 하로 움직 이게 만들어져 있다. 상부 고정 Burr와 하부 회전 Burr의 간격 폭을 조정해서 원두의 굵기를  조절하도록 되어 있으며 상부 Burr와 하부 Burr의 간격이 좁아질수록 원두 굵기가 가늘어진다. 조정접관과 본체에 있는 나사산의 폭이 미세하므로 원두의 굵기 조정 시에 주의해야 하며 그라인더 Burr 청소 시 조정접관과 본체의 나사산에 붙어 있는 원두 찌꺼기를 깨끗이 청소해야 정확하게 조립이 된다. 그라인더는 온도와 사용횟 수에 따라 원두 굵기를 수시로 조정해 주어야 하므로 조정접관에 알맞은 원두 굵 기의 기준점을 교시해 주면 조정이 용이하다. 시계방향으로 조정접관을 돌리면 원 두의 입도가 굵어지고 시계 반대방향으로 조정접관을 돌리면 원두의 입도가 가늘 어진다.

3) 도우저

도우저 내부는 부채꼴 모양의 도우저 분할판과 6개의 홈으로 구성되어 있으며 도우저 레버를 1회 당길 때마다 에스프레소 1잔 분량인 약 7g 전후의 원두를 떨어 뜨린다. 원두의 양은 도우저 분할판을 상, 하로 움직여 조절할 수 있다.

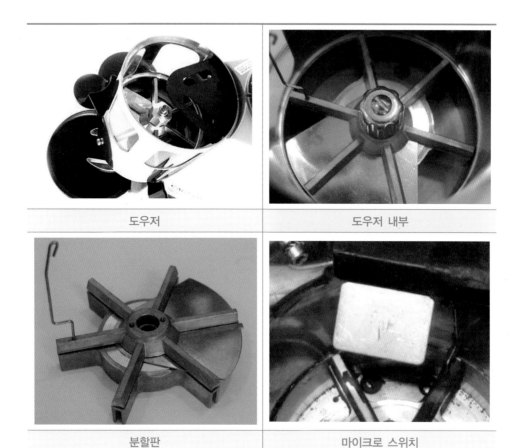

도우저	도우저 내부
분할판	마이크로 스위치

- 자동형 : 마이크로 스위치의 설치로 도우저 통에 원두가 가득 차면 자동으로 정지시키고 도우저 레버의 사용 수에 따라 가동되는 방법이므로 대형 매장에서 사용하면 편리하다.
- 수동형 : 도우저에 원두가 비워지면 수동으로 전원스위치를 작동시켜 원두를 갈아내는 방법으로 소형 매장에서 사용하며 원두는 바로 갈아서 사용하는 것이 맛과 향에 좋다.

4) 도우저 부속

도우저 레버	도우저 카운터
도우저 캡	도우저 레버 스프링
도우저 탬퍼	포터필터 받침

5) 도우저 스프링

도저 스프링 연결

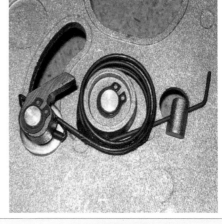

도우저 스프링

도우저 스프링은 도우저 하부의 도우저 레버와 연결되어 있으며 레버를 당기면 도우저 스프링에 의해 원위치로 돌아온다.

6) 도우저 마이크로 스위치

마이크로 스위치

도우저에 원두가 가득 차면 마이크로 스위치가 들어 올려지면서 전원을 차단해 자동으로 분쇄가 정지되는 장치이다. 도우저에 가득차 있던 분쇄 원두가 줄어들면 마이크로 스위치가 무게에 의해 아래로 떨어진다.

7) 전원 스위치

셀렉터 스위치	ON-OFF 스위치

셀렉터 스위치는 2단으로 작동되며 자동 그라인더에서 사용되는 스위치다. 1단에서는 전원만 투입되고 2단에서 그라인더가 작동하게 되어 있으며 on-off 스위치는 수동 그라인더에서 사용한다.

8) 갈림방법

(1) 커팅(Cutting) 방법 : 일반 가정용

믹서기 방식이며 회전 시 원두와 마찰이 심하게 발생할 수 있고 칼날의 열로 향이 달아나기 때문에 에스프레소용보다는 드립커피용으로 적당하다. 회전시간이 길어질수록 굵기는 가늘고 열이 많이 발생되며 가격은 저렴하고 소량의 드립용 원두 굵기 사용 시에 편리하다.

커팅 그라인더	커팅 그라인더 칼날

(2) 크러싱(Crushing) 방법 : 일반 매장용

상부 Burr	하부 Burr

맷돌방식이며 조정접관을 좌우로 돌리면서 상하 이동 굵기를 조절한다. 두 개의 칼날 중 상부 칼날은 고정되어 있고 하부 칼날은 모터와 연결되어 회전한다. 상부 칼날과 하부 칼날의 간격이 좁을수록 분쇄도가 가늘고 칼날은 보통 지름 55, 64, 83mm 정도이며 일반적으로는 64mm가 많이 사용된다. 매장의 규모에 따라 그라

인더를 선택할 수 있다.

6. 유지관리

문제발생	원인	문제해결
오염된 물 누수현상	– 드레인 박스 연결부분의 마모 및 드레인 라인의 막힘 현상	– 장비를 이용하여 드레인 연결부분을 재정비하고 드레인 박스 및 라인을 청소해준다.
추출 시 포터필터 누수현상	– 그룹헤드 가스켓의 마모 – 포터필터의 마모나 작은 사이즈 사용 – 많은 양의 분쇄된 커피를 포터필터에 담은 현상	– 그룹헤드 가스켓을 교체한다. – 포터필터의 마모상태 확인 후 기계에 맞는 사이즈를 사용한다. – 분쇄된 커피 양을 확인하고 너무 많은 양을 담지 않도록 한다.
스팀이 새는 현상	– 보일러 안전밸브에서 스팀이 새는 소리 – 스팀노즐에서 스팀이 새는 현상	– 스팀 보일러의 높은 압력으로 안전밸브가 작동. 필요시 안전밸브를 교체하고 스팀 보일러의 압력을 재설정한다. (1.2~1.4bar) – 스팀밸브 부분의 마모나 손상을 확인 및 재설정하고 필요시 스팀밸브 가스켓을 교체한다.(소모품)
추출 시 버튼 오작동	– 추출패드와 컴퓨터 컨트롤 박스의 연결 문제	– 터치패드와 컴퓨터 컨트롤 박스의 연결라인을 체크한다. 전선의 마모나 물 또는 습기에 의한 오류 시 교체한다.
추출 시 추출패드 깜빡임	– 플로우미터의 오작동 – 포터필터의 필터바스켓 막힘	– 분쇄된 커피가 너무 가늘지 않은지 확인하고 문제가 없다면 물의 공급라인 차단을 확인한 뒤 조치한다. – 포터필터의 필터바스켓 막힘이 원인으로 청결하게 하기 및 교체한다.

문제발생	원인	문제해결
보일러에 물 보충이 안 되는 경우	– 오토필 센서의 오작동 – 물 공급라인의 차단	– 오토필 센서 부분의 스케일 및 이물질에 의한 현상이므로 오토필 센서의 청소 혹은 필요시 교체한다. – 물의 공급라인에서 차단된 곳이 없는지 확인하고 물 라인의 누수를 확인한 후 조치한다.
추출버튼을 눌러도 추출이 안 되는 경우	– 솔레노이드밸브의 오작동 – 헤드필터의 막힘현상	– 솔레노이드밸브를 확인하고 필요시 교체한다. – 디퓨저 스크린을 청소해 주고 필요시 교체한다.
에스프레소 커피의 온도가 높거나 낮을 경우	– 온도 조절장치의 오작동 및 낮은 온도 설정 – 보일러 안 열선의 오작동	– 온도 조절장치의 온도를 다시 설정하고 필요시 온도 조절장치를 교체한다. – 열선의 오작동은 압력 스위치와의 연결문제와 열선 자체의 스케일 및 이물질의 문제이다. 연결라인과 열선의 이물질을 확인하고 필요시 교체한다.
스팀이 나오지 않을 경우	– 보일러에 물이 가득 채워진 현상 – 스팀 보일러가 차가운 현상	– 보일러의 물이 가득채워져 있다면 스팀은 나오지 않는다. 보일러의 물을 어느 정도 배출하고 물의 공급현상에 대한 문제를 파악한다. – 스팀 보일러의 열선을 확인하고 열선과 압력 스위치 간의 연결 및 열선의 이물질 등을 확인 조치하고 필요시 교체한다.
추출 시 굉음 발생	– 물의 공급이 원활하지 않은 현상	– 워터펌프 작동 시 물의 공급이 없거나 미약하면 펌프에서는 마찰음이 발생 즉, 굉음을 낸다. 워터펌프의 작동을 즉시 멈추고 물의 공급라인을 확인한다. 그래도 소리가 나면 워터펌프 안의 이물질 여부를 확인한다.

문제발생	원인	문제해결
추출량이 일정하지 않은 경우	– 플로우미터의 오작동	– 플로우미터 안의 물 양을 제어하는 휠에 이물질 및 스케일이 생긴 현상이다. 기계의 전원과 압력을 내린 후 플로우미터 안의 휠을 청소해 준다. 플로우미터의 휠에 마모가 있을 때 교체한다.

04

커피조리학

04 커피조리학

1. Caffe Espresso의 정의

① 분쇄된 커피가루에 물과의 접촉시간을 짧게 하여 커피의 긍정적인 성분을 조화롭고 빠르게 추출해서 마시는 커피

② 60~90ml 도자기 잔에 25~35ml를 담아 마시는 커피

③ 영어표현으로는 Express(빠르다)이다.

　맛 좋은 에스프레소 커피를 추출하기 위해서는 에스프레소 커피의 품질, 우수한 에스프레소 머신과 그라인더, 분쇄가루의 입자굵기, 분쇄량, 고른 탬핑, 추출수압, 추출수 온도, 추출량, 추출시간 등 여러 가지 요건들이 따른다. 이외에 잔의 적절성과 잔의 예열상태, 산화되기 전 빠른 서비스들이 전체적으로 조화를 이루었을 때 맛 좋은 에스프레소 커피가 만들어진다. 그러나 무엇보다 중요한 건 바리스타의 역량이다.

훌륭한 바리스타는 내가 맛있는 커피를 서비스하는 게 아니라 손님 개개인의 취향에 맞출 수 있는 기량을 가진 바리스타이다. 위의 조건을 모두 충족했더라도 손님 입맛에 맞출 수 없다면 그 커피는 맛없는 커피가 되는 것이다.

에스프레소 커피 추출에 대해 정확히 이해하고 서비스한다면 맛 좋은 커피를 만드는 바리스타가 될 수 있을 것이다.

2. Caffe Espresso 추출의 이해

에스프레소 커피를 너무 빠르게 추출하면 크레마(Crema)가 얇아 쉽게 깨지고 매우 옅어진다.

빠르게 추출되는 이유는 분쇄가루가 굵거나 너무 적은 양을 포터필터에 담았기 때문이다.

이와 반대로 분쇄가루가 너무 곱게 갈아지거나 강하게 탬핑(Tamping)했을 경우 물방울처럼 똑똑 한두 방울씩 떨어지다 추출되어 가는 실처럼 잔에 흘러내린다. 이런 경우 추출시간이 30초를 초과하게 되며 커피의 부정적인 성분이 추출되어 떫은맛과 짠맛이 난다. 크레마의 색상은 진한 갈색으로 탄 듯한 느낌이 든다.

에스프레소 커피는 만드는 과정에서 정확하게 조절했을 경우 진하고 기름진 추출물이 잔에 담긴다. 분쇄가루의 굵기와 담는 양에 따라 20~30초 사이가 적당하다.

크레마의 두께는 3~5mm이며, 신선하게 제대로 추출된 크레마에 설탕을 넣으면 오랜 시간 머물러 있고, 저은 후에도 바로 복구되는 강한 응집력이 생긴다.

크레마(Crema)는 에스프레소 추출 시 고온과 고압에 의해 커피의 식물성 지방 등이 밀려나오는 것으로 붉은빛을 띠는 황금색이 좋다.

3. Caffe Espresso의 성분

1) 그린 커피빈의 성분

커피 생두는 다양한 성분들로 구성되어 있다. 그중에서도 가장 중요한 성분은 다당류, 지질, 유기아미노산, 단백질, 무기질, 카페인 등이다. 이들 성분의 함량은 생두의 종류(아라비카, 로부스타 등)나 생산지역, 재배환경(기후, 토양), 취급방법에 따라 달라진다.

성 분	비 율(%)
다당류	37~55
지 질	11~13
유기아미노산	11~16
단백질	4~5
무기질	3~5
지방산	2
기 타	1

아라비카종 해발 1,000~2,000m	로부스타종 해발 600~1,200m

2) 로스티드 커피빈의 성분

커피콩에는 수분, 탄수화물(당질, 섬유질), 단백질, 지질(지방산), 휘발성유기산, 무기질(칼륨, 칼슘, 인, 철, 나트륨), 비타민(니아신, B_2), 카페인 등이 들어 있으며, 품종, 재배환경(기후, 토양), 취급방법에 따라 함유량이 달라진다.

성 분	형 태	로스티드 커피빈	추출 커피
수 분(g)		2.2	99.5
단백질(g)		12.6	0.2
지 질(g)		16.0	0.1
탄수화물 (g)	당 질	46.7	0
	섬유질	9.0	0
회 분(g)		4.2	0.1
무기질 (mg)	칼 슘	12.0	3
	인	17.0	4
	철	4.2	0
	나트륨	3	2
	칼 륨	2.0	55
비타민 (mg)	B_2	0.12	0.01
	니아신	3.5	0.3

4. 담기와 다지기

1) 분쇄가루 굵기별 추출의 변화

굵을 경우			
가는 경우			
적정한 경우			

2) 1잔, 2잔 담는 양

탬핑 전	탬핑 후
6~8g의 분쇄가루를 필터바스켓에 고르게 펴서 가득 담는다.	14~16g의 분쇄가루를 필터바스켓에 고르게 펴서 가득 담는다.

3) 올바른 탬핑방법

탬핑하는 이유는 분쇄가루의 공기압축과 수평다지기로 고른 추출과 균형 잡힌 맛을 내기 위해서이다.

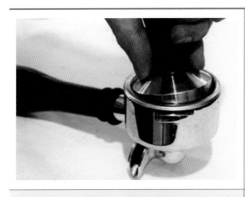

탬핑이 잘못된 경우	탬핑이 고르게 잘된 경우

〈표〉 에스프레소 커피 맛 표현방법

Acidity(신맛)	스페셜티 커피 중 신맛이 강한 경우가 많은데 이것을 애시디티라 한다. 이 맛은 고산지의 고급 아라비카 커피가 많이 가지고 있는 맛으로 특별히 Washed Arabica에 많이 있는 맛이다.
Aroma(향기)	추출한 커피에서 생긴 가스가 코 안의 후각세포에 접촉되어 느껴지는 향기로 분자량이 가볍고 휘발성이 강하다.
Body(농도)	혀에서 느껴지는 커피의 무게 혹은 밀도를 의미하며, 입안의 촉각(끈적거림)으로 느끼는 커피의 맛. 커피를 마신 뒤 오래도록 혀에 남아 느껴지는 끝맛이라 할 수 있다.
Flavor(풍미)	커피를 입안에 머금을 때 느낄 수 있는 종합적인 감각을 의미하며, 맛, 향기, 온도, 단단함, 점성 등 물리적 또는 화학적 현상이 복잡하게 작용하여 이루어진다.
Aftertaste(후미)	커피를 마신 후 입안에 남아 있는 맛과 향의 잔맛을 의미한다.

5. 추출시간별 맛의 변화

커피 추출 시 리놀레산과 카페인 성분이 추출된다. 리놀레산 성분은 우리 몸에 필수 영양소인 불포화지방산으로 커피의 맛 중에 신맛을 담당한다. 리놀레산 성분은 물과 공기가 접촉되는 순간부터 사라지기 시작한다.

카페인 성분은 커피의 맛 중 쓴맛을 담당하며 천천히 우러나기 시작해 오랜 시간 지속되는 특징이 있다. 두 가지 성분이 균형 잡히는 데 걸리는 시간은 약 20~30초 사이이다. 그러므로 추출시간이 너무 짧으면 신맛이 강조되고 추출시간이 너무 길면 쓴맛과 커피의 부정적인 성분까지 추출되어 텁텁한 맛을 낸다. 커피 품질과 로스팅의 정도, 분쇄입자의 굵기 확인 후 추출시간에 따른 맛의 변화로 가장 이상적인 추출시간을 찾는 것이 중요하다.

6. 추출수압별 맛의 변화

추출수압은 기계 내부에 달려 있는 워터펌프의 힘을 이용하여 순간적인 물의 압력을 커피와 접촉시키는 것을 말한다.

추출수압이 낮을수록 커피와 추출수의 접촉시간이 길어지기 때문에 커피의 맛은 쓴맛이 나고, 추출수압이 높을 경우 커피와 추출수의 접촉시간이 짧아서 커피의 좋은 성분을 충분히 추출하기 어려워 가벼운 맛이 난다.

평균 추출수압은 9bar이다.

7bar	9bar	10bar
쓴맛		가벼운 맛

7. 추출수 온도별 맛의 변화

　추출수의 온도가 낮을수록 커피의 부정적인 맛이 강조된 떫은맛이 난다. 반면 추출수의 온도가 높으면 뜨거운 물이 분쇄가루에 닿으면서 순간적으로 태우기 때문에 탄맛과 쓴맛이 난다. 이상적인 추출수 온도는 88~96℃이며, 커피 품질과 로스팅의 정도에 따라 적정온도가 달라지므로 추출수 온도에 따른 맛의 변화로 이상적인 온도를 찾아야 한다.

8. Caffe Espresso의 정리

체크사항	내 용	주의사항
커피 선정	에스프레소용 Roasted Bean	- 분쇄가루 입자 굵기의 적절성 - 고른 탬핑 - 추출수 온도 유지 - 크레마 색상 확인 - 신속 정확한 서비스
분쇄 굵기 조정	Fine	
투입량 조정	1잔 : 7~10g 2잔 : 14g~20g	
Tamping	수평다지기	
추출수 압력	6~9bar	
추출시간	20~30초	
추출수 온도	88~96℃	
추출량	25~35ml	
잔(60~90ml)	Demitasse	

9. Caffe Espresso 추출 Flow

필터바스켓 청결과 건조 → 올바른 담기와 다지기 → 삽입 전 플래싱작업 → 삽입 즉시 추출 → 황금색 크레마 확인 → 추출시간 확인

10. Caffe Ristretto, Caffe Lungo, Caffe Doppio

1) Caffe Dopio(카페 도피오)

두 잔의 에스프레소 커피를 한 잔에 추출해서 마시는 커피로 신맛과 쓴맛이 조화를 이룬 커피이다.
영어표현으로는 Double(두 배의)이다.
추출시간 : 20~30초
추출량 : 50~60ml
크레마 색상 : 황금색

일반적으로 카페에서 사용하는 에스프레소 음료는 룽고로 세팅되어 있다.

배리에이션 메뉴에서는 에스프레소 커피의 신맛을 느끼기 어렵기 때문에 커피의 쓴맛을 강조한 룽고 메뉴가 기본이다.

'에스프레소 커피는 쓰다'는 개념은 이제 버려야 한다.

바리스타가 직접 운영하는 카페에서 에스프레소 메뉴를 주문해 보라! 신맛과 쓴맛의 조화와 바디감이 풍부한 전통 카페 에스프레소를 맛보게 될 것이다.

2) Caffe Ristretto(카페 리스트레또)

분쇄가루의 양은 에스프레소 커피와 같으며, 짧은 시간 동안 추출해서 마시는 커피로 신맛이 강한 게 특징이다.
영어표현으로는 Limited(제한된)이다.
추출시간 : 15~20초
추출 양 : 20~25ml
크레마 색상 : 진한 갈색

3) Caffe Lungo(카페 룽고)

분쇄가루의 양은 에스프레소 커피와 같으며, 오랜 시간 추출해서 마시는 커피로 쓴맛이 강한 게 특징이다.
영어표현으로는 Long(길다)이다.
추출시간 : 30초 이상
추출 양 : 35ml 이상
크레마 색상 : 연한 갈색

11. 커피 추출 시 이상현상의 원인과 해결

현상	원인	해결
커피 향이 너무 약하다	– 소량의 커피를 사용 – 오래되거나 잘못 보관된 커피 사용	– 6~8g의 커피가루 사용 – 실온 보관된 커피 사용

현상	원인	해결
	– 바로 갈지 않은 것 – 굵게 분쇄된 커피가루 사용 – 추출압력이 낮음 – 물에 석회질 성분이 많음	– 바로 갈아서 사용 – 입자 굵기 조절 – 8~10bar 압력조절 – 연수기 사용
커피에서 신맛이 난다	– 커피를 너무 엷게 볶았음 – 추출온도가 너무 낮음 – 추출시간이 짧았음	– 원두와 블렌딩 강배전 – 88~96℃ 온도 조절 – 20~30초 추출
커피가 너무 쓰다	– 너무 많은 양을 담았음 – 진하게 로스팅됨 – 많은 양의 로부스타종 함유 – 추출온도가 높음 – 너무 가는 분쇄가루 – 오래 추출	– 6~8g의 커피가루 사용 – 원두와 블렌딩 약배전 – 아라비카종과 블렌딩 – 88~96℃ 온도 조절 – 입자 굵기 조절 – 20~30초 추출
찝찝한 맛	– 청소 후 세제가 남아 있음 – 원두품질이 나쁨 – 보일러 탱크 내 물이 오래됐거나, 보일러 내 스케일 문제	– 세제 세척 후 따뜻한 물로 충분히 헹굼 – 품질등급이 높은 원두 사용 – 약품을 이용한 보일러 내부 세척
크레마 현상	– 필터바스켓이 막혀서 추출시간이 오래 걸렸음 – 헤드필터가 막혀서 추출이 고르게 되지 않았음 – 추출수 온도가 너무 높음 – 추출속도가 너무 빠름	– 필터바스켓을 청소하거나 교체함 – 헤드필터를 청소하거나 교체함 – 추출 수 온도를 낮춤 – 투입량과 분쇄 굵기 조절
추출시간이 오래 걸린다	– 분쇄커피가 너무 가늚 – 너무 강하게 다짐 – 투입량이 너무 많음 – 펌프 압력 9bar 이하 – 헤드필터가 막힘 – 필터바스켓이 막힘	– 굵게 분쇄되도록 그라인더 조절 – 약하게 다지기 – 커피 투입량을 줄임 – 펌프 압력 높임 – 헤드필터 청소 – 필터 홀더 청소

12. Caffe Cappuccino의 정의

에스프레소의 쓴맛, 우유의 고소함과 거품의 부드러움이 조화를 이루는 커피이다. 부드럽고 진한 맛이 특징이며, 150∼180ml의 도자기 잔을 사용한다.

• 에스프레소 커피 30ml
• 데운 우유 60ml
• 우유 거품 60ml

카푸치노는 에스프레소와 우유와 우유 거품의 비율이 맞아야 맛있는 메뉴가 된다. 양으로 봤을 때 1:2:2의 비율이 된다. 따르는 방법에 따라 비율은 달라지지만 풍부한 거품을 느낄 수 있어야 카푸치노 커피라 할 수 있다.

거품의 양이 잔에서 1cm 이상 덮여야 좋은 품질의 카푸치노라고 할 수 있으며, 카푸치노를 만들 때는 에스프레소에 우유와 우유 거품을 같이 따르면 된다. 스팀 피처에 우유 거품을 만들어 잔에 따르기 전, 잘 흔들어서 우유와 우유 거품을 잘 섞은 뒤 잔에 부어야 우유와 우유 거품이 분리되지 않고 에스프레소에 잘 섞인다.

처음 부을 때는 10cm 정도의 높이에서 스팀밀크를 따라주며, 잔에 반이 차면 스팀피처를 잔에 대고 잔과 함께 수평이 되게 기울여 거품이 나오도록 붓는다. 가운데 우유의 흰색과 에스프레소 크레마의 색이 2:1 정도가 되어야 좋은 색감이라 할 수 있다.

13. 응축수 제거와 스팀노즐 청소, 스티밍의 단계, 적정 온도 유지와 이유, 따르는 단계

1) 응축수 제거와 스팀노즐 청소

① 스팀하기 전 노즐 내에 응축수 제거

② 스팀 사용 후 뜨거워진 노즐에 우유가 달라붙는다.

③ 젖은 행주를 이용해 우유 세척

④ 스팀이 잠기면서 노즐로 빨려 들어간 우유 제거 후 스팀노즐 정리

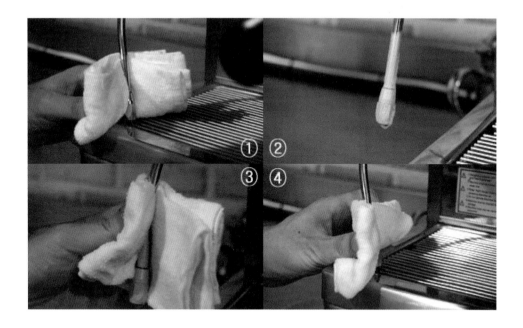

① ② ③ ④

주의사항 ◦─

1. 응축수를 제거하지 않으면 우유에 물이 섞이게 되며, 스티밍 후 노즐에 묻어 있는 우유를 바로 닦지 않으면 말라붙어 잘 닦이지 않는다.

2. 스티밍 종료 시 노즐로 빨려 들어간 우유는 따뜻한 노즐 내에서 부패하거나 균이 생길 우려가 있다.

3. 스팀완드 구멍이 막히면 스팀분사가 원활하지 않아 윗부분에서 새는 현상이 생길 수 있다. 이럴 경우 스팀완드를 푼 뒤 클립으로 구멍을 뚫거나 약품에 담갔다가 세척한다.

4. 스팀노즐 이음새 부분에서 물이 새는 경우, 고무바킹을 교체한다.

2) 스티밍의 단계

① 스팀피처(600ml)에 냉장 보관된 우유 200ml를 담는다.

② 스팀노즐 완드에 1~2cm 정도 담근 후 우유량의 두 배가 될 때까지 스팀피처를 내려가며 공기를 주입한다.

③ 스팀노즐을 담근 후 우유와 거품이 잘 섞이도록 롤링작업을 한다.

④ 스팀우유의 온도가 65℃가 되면 스팀을 종료한다.

　(단백질 파괴 방지와 밀도조절을 위해서)

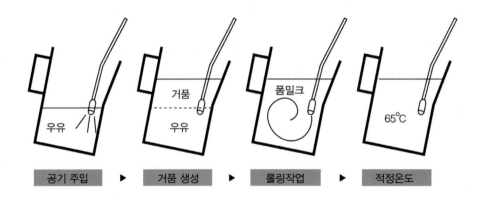

주의사항

1. 공기 주입 시 스팀완드와 우유 표면이 많이 떨어지면 스팀이 밖으로 새어나와 우유가 튀거나 거친 거품이 생성된다. 압력에 따라 1~2cm 담긴 상태를 유지하면서 공기를 주입한다.

2. 공기 주입 시간이 오래 걸리면 롤링작업 전에 이미 우유가 끓어 거품이 차가워지며 뭉치는 현상이 생긴다. 따라서 단시간 내에 공기 주입 후 적정온도까지 충분히 롤링시킨다.

3. 롤링 시 스팀피처의 각도와 스팀노즐을 담근 정도에 따라 회전되지 않을 수 있으니 조금씩 이동하면서 적정 포인트를 찾는다.

4. 거품이 너무 뭉쳐서 잘 섞이지 않을 경우 : 다른 피처에 번갈아 옮겨 담으면 뭉친 거품이 풀리면서 적당히 섞이게 된다.

3) 따르는 방법

① 카푸치노 잔에 에스프레소 커피 준비

② 스팀밀크를 살짝 기울어진 잔에서부터 10~15cm 위에서 따르며 내린다.

③ 거품이 나오기 시작할 때 피처와 잔을 같은 속도로 기울이면서 거품을 따라낸다.

④ 양이 채워지면 피처를 들어 올리면서 마무리한다.

<table>
<tr><td>주의사항</td></tr>
</table>

1. 스팀밀크를 낮은 곳에서 따르거나 잔 벽을 타고 따르면 밀도 때문에 에스프레소 커피 위에 하얀 거품이 얹혀진다. 낙차를 주어 폼밀크가 커피 속으로 잠기게 해준다.

2. 거품이 시작될 때 처음 시작점은 그대로 두고 피처의 아랫부분을 들어올리면서 일정한 속도로 따른다. 이때 기울어진 잔과 같은 속도로 잔이 수평이 될 때까지 같이 기울인다.

14. 커피 추출 기구

1) 모카포트(Moka pot)

가정용 에스프레소 추출 기구이다.

필터에 커피가루를 채운 후 아래 물통에 물을 넣고 가스불 위에 올려놓으면 물이 끓으면서 생기는 수증기 압력(대기압에서 2~3기압)에 의해 커피가 추출된다.

🌰 모카포트 사용법

* 구성
① 추출된 커피가 담기는 부분
② 커피가루를 담는 부분
③ 물을 담아 끓이는 부분

1. 물 담기

하단부 안쪽 벽면에 보이는 안전밸브 위치 3mm 아래까지 물을 채운다.
* 그 이상 물이 담기면 밸브로 증기가 새거나 커피가 넘쳐흐를 수 있다.

2. 바스켓 필터에 커피 담기

에스프레소 머신 추출커피와 드립커피 중간 정도의 굵기로 분쇄된 커피를 바스켓에 평평하게 담는다.
* 압력을 세게 가해서 눌러주면 추출되지 않을 수 있으니 평평하게 살살 정리한다.

3. 사발이 준비

일반 가스레인지나 버너는 폭이 넓어 위에 얹혀지지 않기 때문에 사발이를 이용해 안전하게 고정시킨다.

4. 불에 가열
중간 정도의 불로 가열해 준다.
* 너무 센 불로 가열하면 모카포트의 손잡이가 녹을
  수 있다.

5. 커피 추출
가열한 지 3~5분 정도 지나면 추출이 시작된다.
* 추출이 시작되면 불을 바로 꺼준다.

2) 사이펀(Siphon)

사이펀은 기구 아래쪽의 유리포트에 넣은 물이 증기의 압력에 의해 위쪽 유리포트로 올라가 원두가루와 만나게 된다. 아래의 불을 끄면 물이 식어 온도가 떨어지면 원두가루와 만났던 커피가 다시 아래쪽으로 내려가는 원리로 추출하는 도구이다.

🫘 사이펀 사용법

* **구성**
① 로트 - 원두가루가 담기는 부분
② 물을 담는 부분
③ 가열기구

1. 종이필터 장착
종이필터를 금속필터에 장착하고 사이펀 튜브에 고정시킨다.

2. 물 담기

    아래 유리용기에 1잔 170cc 기준으로 물을 채운다.

3. 로트에 커피 담기

    로트에 1인분(약 10g)의 커피를 담는다.

* 분쇄 굵기는 핸드 드립과 비슷한 0.5mm 정도가 좋다.

* 로트를 물이 끓을 때까지 비스듬히 기울여 놓는다. 수증기가
올라와 커피를 적시는 것을 방지한다.

4. 불에 가열
불에 가열할 때는 하부에 물이 끓기 시작하면 비스듬히 걸쳐 놓은 상부(로트)로 압력이 새어나오지 않을 정도로 장착한다.

5. 저어주기
로트로 물이 올라갔으면 2~3번 풀어주는 정도로 저어준 후 다시 1분 정도 가열한다.

6. 램프를 끈 후 하단으로 내려올 때까지 기다리기
상단의 뜨거운 커피는 90℃ 전후에 하단으로 내려오게 된다.

3) 프렌치프레스(Frenchpress)

가정에서 쉽게 구매하여 추출할 수 있는 저렴한 에스프레소 기구이다.

필터가 장착된 피스톤으로 압력을 가해 가루는 가라앉히고 커피는 올려 보내는 방식이다.

🫘 프렌치프레스 사용법

* 구성
① 포트 – 커피와 물이 담기는 부분
② 피스톤 – 압력을 가해 누르는 부분
③ 필터 – 커피가루를 거르는 부분

1. 예열하기
 뜨거운 물을 부어 포트를 예열한다.

2. 포트에 커피 담기
 1인분(10~15g)의 커피를 포트에 담는다.
* 드립보다 굵게 분쇄한다.
 입자가 가늘면 가루가 섞여 추출되며, 찜찜한 맛이
 생긴다.

3. 물 붓기
 뜨거운 물(90~95℃)을 붓고 스틱을 이용해 골고루
 저어준다.

4. 불리기

보통 피스톤 뚜껑을 닫은 채로 3~4분 정도 불려
준다.

* 3층 단면이 생기면 신선한 원두이다.

5. 커피 추출

필터가 장착된 피스톤을 손으로 천천히 눌러서 추
출한다.

* 너무 힘껏 누르면 커피가루가 섞여 올라올 수 있다.

15. 정수기와 연수기

1) 정수기

커피의 맛을 최적으로 유지하려면 일단 커피 고유의
맛이 다치지 않고 최대한의 상품을 만들기 위해서 공급
되는 물에 잡미(雜味)와 잡향(雜香)이 없어야 한다. 그중
수돗물을 소독하기 위해서 첨가되는 염소성분 때문에
수돗물에서는 독특한 냄새가 난다. 커피에서 염소냄새
가 난다면 커피의 고유한 향을 가리게 된다. 그래서 정
수기를 사용하는 것이다.

* 정수기 필터의 평균 수명은 사용 환경에 따라 다르지만 대략 3개월 정도이다.

2) 연수기

경수가 커피기계에 미치는 영향은 다음과 같다.

먼저 물속에 함유된 칼슘성분이 보일러의 내부 벽에 끼게 된다. 중요한 것은 물을 직접 끓이게 되는 히터의 표면에 녹아 코팅되어 히터를 망가뜨리는 현상도 초래하며, 각 부로 연결되어 있는 소규모 파이프 등을 막히게 하는 원인이 된다.

또한 경수는 여러 가지 이온성분의 중금속과 불순물로 인하여 커피 고유의 맛을 잃게 하는 원인도 된다.

* 평균 수명은 사용 환경에 따라 다르지만 대략 6~10개월 정도이다.

16. 카페메뉴 레시피

1) 허니시나몬카푸치노(Honey Cinnamon Cappuccino)

준비물

- 허니시나몬 시럽 21ml(3펌프)
- 에스프레소 1샷(30ml)
- 우유 22ml
- 밀크폼 1cm 이상
- 시나몬 파우더 약간

만드는 법

1. 신선한 원두를 갈아 에스프레소 1샷을 추출한다.
2. 허니시나몬 시럽 3펌프를 넣어준다.
3. 우유 225ml를 스티밍하여 풍성한 우유 거품을 만들어 준다.
4. 스티밍한 우유를 붓고 우유 거품을 1cm 이상 얹어준다.
5. 취향에 따라 시나몬 파우더를 고슬고슬 뿌려준다.

2) 마론스노우(Marron Snow)

준비물

- 에스프레소 30ml
- 화이트 코코렛 소스 7.5ml(0.5펌프)
- 마론시럽 14ml(2펌프)
- 스팀우유 225ml
- 우유 거품 or 휘핑크림 1cm 이상

만드는 법

1. 신선한 원두를 갈아 에스프레소 1샷을 추출한다.
2. 준비된 에스프레소에 화이트 코코렛 소스 0.5펌프, 마론 시럽 2펌프를 넣고 녹인다.
3. 우유 225ml를 스티밍하여 풍성하고 고운 거품을 낸다.
4. 스팀밀크를 붓고 고운 거품이나 휘핑크림을 1cm 이상 올려준다.

3) 카라멜모카(Caramel Mocha)

준비물

- 에스프레소 30ml(1샷)
- 코코렛 소스 7.5ml(0.5펌프)
- 블랙라벨 카라멜 시럽 10.5ml(1.5펌프)
- 스팀우유 225ml
- 밀크폼 or 휘핑크림 1cm 이상
- 카라멜 토핑소스/코코렛 소스

만드는 법

1. 신선한 원두를 갈아 에스프레소 1샷 추출
2. 에스프레소에 코코렛 소스 0.5펌프, 카라멜 시럽 1.5펌 프를 넣고 잘 녹인다.
3. 우유 200ml를 스티밍하여 풍성하고 고운 거품을 낸다.
4. 스팀밀크를 붓고 고운 거품이나 휘핑크림을 1cm 이상 올려준다.
5. 카라멜 토핑소스와 코코렛 소스를 번갈아 드리즐해 준다.

4) 화이트카페모카(White Cafe Mocha)

준비물

- 에스프레소 30ml(1샷)
- 화이트 코코렛 파우더 30g
- 스팀우유 225ml
- 밀크폼 or 휘핑크림 1cm 이상

만드는 법

1. 신선한 원두를 갈아 에스프레소 1샷 추출
2. 화이트 코코렛 파우더 30g을 에스프레소 샷에 넣어 녹인다.
3. 우유 225ml를 스티밍하며 풍성하고 고운 거품을 낸다.
4. 노즐을 이용해 만든 밀크폼이나 휘핑크림을 1cm 이상 예쁘게 띄운다.
5. 화이트 코코렛 파우더로 토핑한다.

5) 카라멜마끼아또(Caramel Macchiato)

준비물

- 카라멜 시럽 21ml(3펌프)
- 스팀우유 250ml
- 밀크폼 2cm 이상
- 에스프레소 30ml(1샷)
- 카라멜 토핑소스

만드는 법

1. 예쁜 잔에 카라멜 시럽을 세 번 누른다.
2. 70~80℃의 열을 가해 스팀우유를 만든다.
3. 스팀우유를 만들 때 노즐 위치를 잘 조정해 우유 거품을 낸다.
4. 신선하고 진한 에스프레소를 1샷 만든다.
5. 스팀우유를 잔에 붓고 에스프레소 1샷을 강하게 붓는다.
6. 우유 거품을 2cm 이상 얹는다.
7. 마무리로 카라멜 토핑소스를 자유롭게 드리즐한다.

6) 카페헤이즐넛(Cafe Hazelnut)

준비물

- 에스프레소 30ml(1샷)
- 헤이즐넛 시럽 7ml(1펌프)
- 뜨거운 물 220ml

만드는 법

1. 신선한 원두를 갈아 에스프레소 1샷 추출
2. 에스프레소 위에 헤이즐넛 시럽을 딱 1번 거침없이 펌핑한다.
3. 뜨거운 물 220ml를 붓는다.

7) 바닐라아포가토(Vanilla Affogato)

준비물
- 바닐라아이스크림 약 300g(1스쿱)
- 에스프레소 30ml(1샷)
- 바닐라시럽 드리즐

만드는 법
1. 잔에 달콤한 바닐라아이스크림 약 300g(1스쿱)을 담는다.
2. 에스프레소 1샷(30ml)을 추출하여 아이스크림 위에 부어준다.
3. 마지막으로 바닐라시럽을 뿌려 맛있게 먹는다.

8) 콘파냐(Con Panna)

준비물
- 에스프레소 1샷(30ml)
- 휘핑크림

만드는 법
1. 취향에 따라 18~25초간 에스프레소 1샷(30ml)을 추출한다.
2. 추출한 에스프레소를 잔에 담는다.
3. 휘핑기의 레버를 누르고 손목 힘을 잘 조절하여 원하는 만큼 예쁘게 휘핑크림을 토핑한다.

9) 아이스카라멜마끼아또(Iced Caramel Macchiato)

준비물
- 카라멜 시럽 14ml(2펌프)
- 카라멜 토핑소스
- 우유 175ml
- 우유 거품 1cm 이상
- 얼음 128g(약 8~10개)

만드는 법
1. 준비된 잔에 카라멜 시럽 2펌프(14ml)를 넣는다.
2. 얼음 128g(약 8~10개)을 넣고 우유 175ml도 부어 준다.
3. 우유를 곱게 거품내어 1cm 이상 올려준다.
4. 에스프레소 1샷(30ml)을 추출하여 부어준다.
5. 카라멜 토핑소스를 이용하여 드리즐해 준다.

10) 아이스카라멜모카(Iced Caramel Mocha)

준비물
- 에스프레소 30ml(1샷)
- 코코렛 소스 7.5ml(0.5펌프)
- 블랙라벨 카라멜 시럽 10.5ml(1.5펌프)
- 우유 175ml
- 밀크폼 or 휘핑크림 1cm 이상
- 얼음 128g(약 8~10개)
- 카라멜 토핑소스

만드는 법
1. 신선한 원두를 갈아 에스프레소 1샷 추출
2. 준비된 에스프레소에 코코렛 소스 0.5펌프, 카라멜 시럽 1.5펌프를 넣고 잘 녹인다.
3. 얼음 약 8~10개를 넣는다.
4. 우유 175ml와 우유 거품을 1cm 이상 올리거나 우유를 붓고 휘핑크림을 1cm 이상 올려준다.
5. 카라멜 토핑소스를 이용하여 드리즐해 준다.

11) 핫초코(Hot Chocolate)

준비물
- 코코렛 파우더 35g
- 코코렛 소스
- 스팀우유 225ml
- 밀크폼 or 휘핑크림 1cm 이상

만드는 법
1. 코코렛 파우더 35g에 뜨거운 물을 조금 부어 녹인다.
2. 우유 225ml를 스티밍하며 풍성하고 고운 거품을 낸다.
3. 노즐을 이용해 만든 밀크폼이나 휘핑크림을 1cm 이상 예쁘게 띄운다.
4. 코코렛 파우더로 토핑하거나 코코렛 소스로 드리즐한다.

12) 마론밀크티(Marron Milk Tea)

준비물
- 홍차 시럽 10.5ml(1.5펌프)
- 마론 시럽 7ml(1펌프)
- 스팀우유 225ml
- 밀크폼 0.5cm 미만
- 시나몬 파우더

만드는 법
1. 잔에 홍차 시럽을 한번 깊~게 누른 뒤 다시 펌프의 반만 살짝 누른다.
2. 마론 시럽을 한 번만 꾹 펌핑한다.
3. 우유 225ml를 스티밍하며 거품을 낸다.
4. 밀크폼을 0.5cm 정도만 띄운다.
5. 취향에 따라 시나몬 파우더를 토핑한다.

13) 바닐라라떼(Vanilla Latte)

준비물

- 바닐라 파우더 30g
- 스팀우유 225ml
- 밀크폼 0.5cm 미만

만드는 법

1. 부드럽고 풍부한 맛의 바닐라 파우더 30g을 잔에 넣는다.
2. 우유 225ml를 스티밍하며 거품을 낸다.
3. 노즐을 이용해 만든 밀크폼을 0.5cm 미만으로 예쁘게 띄우면 완성!

14) 녹차라떼(Green Tea Latte)

준비물

- 그린티 파우더 30g
- 스팀우유 225ml
- 밀크폼 0.5cm 미만

만드는 법

1. 부드럽고 깔끔한 맛의 그린티 파우더 30g을 잔에 넣는다.
2. 우유 225ml를 스티밍하며 고운 거품을 만들어준다.
3. 노즐을 이용해 만든 밀크폼을 0.5cm 미만으로 예쁘게 띄운다.
4. 그린티 파우더를 밀크폼 위에 토핑한다.

15) 딸기바나나스무디(Strawberry Banana Smoothie)

준비물

- 딸기 스무디 45ml(3펌프)
- 바나나 1개(약 100g)
- 물 100ml
- 얼음 100~150g

만드는 법

1. 딸기 스무디 3펌프(45ml)를 눌러 넣는다.
2. 껍질 벗긴 바나나 1개(약 100g)를 넣는다.
3. 물 100ml를 부어준다.
4. 얼음 100~150g을 넣는다.
5. 모든 재료가 잘 섞이도록 블렌더를 이용해 20~30초간 블렌딩한다.

16) 키위바나나스무디(Kiwi Banana Smoothie)

준비물

- 키위 스무디 45ml(3펌프)
- 바나나 1개(약 100g)
- 물 100ml
- 얼음 100~150g

만드는 법

1. 키위 스무디 3펌프(45ml)를 눌러 넣는다.
2. 껍질 벗긴 바나나 1개(약 100g)를 넣는다.
3. 물 100ml를 부어준다.
4. 얼음 100~150g을 넣는다.
5. 모든 재료가 잘 섞이도록 블렌더를 이용해 20~30초간 블렌딩한다.

17) 매실에이드(Maesilade)

준비물
• 매실 스무디 30ml(2펌프)
• 얼음 약 128g
• 소다수/사이다 200ml

만드는 법
1. 라즈베리 시럽을 2번 꾹꾹 펌핑한다.
2. 얼음 약 128g을 넣는다.
3. 소다 사이펀으로 만들어 기포가 충만한 소다수 혹은 사이다 200ml를 콸콸 붓는다.

18) 복숭아아이스티(Iced Tea Peach)

준비물
• 홍차 시럽 7ml(1펌프)
• 복숭아 시럽 28ml(4펌프)
• 얼음 128g(약 8~10개)
• 차가운 물 200ml

만드는 법
1. 홍차 시럽을 잔에 1번 펌핑한다.
2. 복숭아 시럽을 슉슉슉슉 4번 펌핑한다.
3. 얼음 약 8~10개를 잔에 넣는다.
4. 거기에 차가운 물 200ml를 부으면 완성!

19) 블루베리요거트스쿼시(Blueberry Yogurt Squash)

준비물

- 블루베리 시럽 21ml(3펌프)
- 플레인 요거트 1개
- 탄산수 150ml
- 얼음 110g

만드는 법

1. 블루베리 시럽을 꾹꾹꾹 3번 펌핑해 넣는다.
2. 플레인 요거트를 1개 넣는다.
3. 탄산수 150ml를 붓는다.
4. 블렌더로 10초간 시럽, 요거트, 탄산수가 잘 섞이도록 블렌딩한다.
5. 미리 준비한 예쁜 잔에 얼음 110g을 넣고 부어주면 건강하고도 맛있는 음료 완성~!

20) 라즈베리요거트스쿼시(Raspberry Yogurt Squash)

준비물

- 라즈베리 시럽 21ml(3펌프)
- 플레인 요거트 1개
- 탄산수 150ml
- 얼음 110g

만드는 법

1. 라즈베리 시럽을 3번 펌핑해 넣는다.
2. 플레인 요거트를 1개 넣는다.
3. 탄산수 150ml를 붓는다.
4. 블렌더로 10초간 시럽, 요거트, 탄산수가 잘 섞이도록 블렌딩한다.
5. 미리 준비한 예쁜 잔에 얼음 110g을 넣고 부어주면 건강하고도 맛있는 음료 완성~!

21) 그린티프리잔떼(Green Tea Frizzante)

준비물
- 말차 파우더 30g
- 프리잔떼 파우더 20g
- 우유 150ml
- 얼음 200g
- 휘핑크림 약간

만드는 법
1. 블렌더에 우유 150ml와 얼음 200g을 넣는다.
2. 말차 파우더 30g, 프리잔떼 파우더 20g을 넣는다.
3. 파우더가 잘 녹을 때까지 블렌더로 20~30초간 블렌딩한다.
4. 준비된 잔에 블렌딩된 음료를 따르고 취향에 따라 휘핑크림을 토핑한다.
5. 휘핑크림 위에 말차 파우더를 고슬고슬 뿌려준다.

22) 라즈베리크림프리잔떼(Raspberry Cream Frizzante)

준비물
- 라즈베리 시럽 28ml(4펌프)
- 프리잔떼 파우더 40g
- 우유 150ml
- 얼음 200g
- 블렌더

만드는 법
1. 라즈베리 시럽을 네 번(28ml) 깊게 펌핑한다.
2. 프리잔떼 파우더 40g을 넣는다.
3. 우유 150ml를 같이 부어준다.
4. 얼음 200g을 넣고 블렌더로 10~15초간 블렌딩해준다.

23) 블루베리빙수(Ice Flake with Blueberry)

준비물
- 블루베리 스무디 45ml(3펌프)
- 얼음 500g(약 30개)
- 초록의 상쾌한 허브잎/도도한 블루베리

만드는 법
1. 내 마음을 훔쳐갈 예쁜 그릇에 얼음 500g(약 30개)을 빙삭기로 시원하게 쓱쓱 갈아준다.
2. 블루베리 스무디 3펌프(45ml)를 꾹꾹 눌러 도도한 블루베리를 연출한다.
3. 보석 같은 블루베리와 상쾌한 허브잎으로 마무리~

24) 키위빙수(Ice Flake with Kiwi)

준비물
- 키위 스무디 45ml(3펌프)
- 얼음 500g(약 30개)
- 바닐라아이스크림 300g(1스쿱)
- 초록의 상쾌한 허브잎/키위 슬라이스

만드는 법
1. 예쁜 그릇에 얼음 500g(약 30개)을 빙삭기로 시원하게 쓱쓱 갈아준다.
2. 키위 스무디 3펌프(45ml)를 꾹꾹 눌러 새침한 키위를 연출한다.
3. 바닐라아이스크림 300g(1스쿱)을 올리고 허브잎이나 새침한 키위로 마무리~

25) 망고크러쉬(Mango Crush)

준비물

- 망고 스무디 30ml(2펌프)
- 사과 시럽 3.5ml(0.5펌프)
- 레몬 시럽 7ml(1펌프)
- 얼음 128g(약 8~10개)
- 차가운 물 200ml
- 망고/오렌지 슬라이스 약간

만드는 법

1. 망고 스무디를 2번(30ml) 눌러 넣는다.
2. 사과 시럽 0.5펌프(3.5ml)를 살짝 넣는다.
3. 레몬 시럽을 한 번(7ml) 꾸욱 눌러 넣는다.
4. 얼음 8~10개(128g)를 넣는다.
5. 물 200ml를 콸콸 부어준다.
6. 망고나 오렌지 슬라이스로 멋지게 장식해 주면 완성~!

26) 키위크러쉬(Kiwi Crush)

준비물

- 키위 스무디 30ml(2펌프)
- 사과 시럽 3.5ml(0.5펌프)
- 레몬 시럽 7ml(1펌프)
- 얼음 128g(약 8~10개)
- 차가운 물 200ml
- 키위/레몬 슬라이스 약간

만드는 법

1. 키위 스무디를 2번(30ml) 눌러 넣는다.
2. 사과 시럽 0.5펌프(3.5ml)를 살짝 넣는다.
3. 레몬 시럽을 한 번(7ml) 꾸욱 눌러 넣는다.
4. 얼음 8~10개(128g)를 넣는다.
5. 물 200ml를 콸콸 부어준다.
6. 키위나 레몬 슬라이스로 멋지게 장식해 주면 완성~!

27) 블루베리모히토(Blueberry Mojito)

준비물

- 블루베리 시럽 21ml(3펌프)
- 레몬 시럽 3.5ml(0.5펌프)
- 초록의 탱탱한 민트잎 1g
- 탄산수 150ml
- 얼음 200g
- 민트잎/냉동 블루베리 약간

만드는 법

1. 쉐이커에 체리 시럽 3펌프(21ml)를 넣는다.
2. 쉐이커에 레몬 시럽 0.5펌프(3.5ml)를 살짝 넣는다.
3. 얼음 200g과 민트잎 1g을 넣고 흔들어준다.
4. 탄산수 150ml를 넣고 재료들을 잘 섞는다.
5. 미리 준비한 잔에 얼음을 넣고 부어준다.
6. 민트잎과 미리 살짝 녹여놓은 블루베리를 잔에 예쁘게 넣는다.

28) 피치모히토(Peach Mojito)

준비물

- 딸기 시럽 21ml(3펌프)
- 레몬 시럽 3.5ml(0.5펌프)
- 초록의 탱탱한 민트잎 1g
- 탄산수 150ml
- 얼음 200g
- 민트잎/황도 약간

만드는 법

1. 쉐이커에 딸기시럽 3펌프(21ml)를 넣는다.
2. 쉐이커에 레몬 시럽 0.5펌프(3.5ml)를 살짝 넣는다.
4. 얼음 200g과 민트잎 1g을 넣고 흔들어준다.
5. 탄산수 150ml를 넣고 재료들을 잘 섞는다.
6. 미리 준비한 로맨틱한 잔에 얼음을 넣고 부어준다.
7. 민트잎과 황도를 잔에 예쁘게 넣는다.

05

핸드 드립

05 핸드 드립

Chapter

1. 핸드 드립이란

1) 정의

드립커피는 분쇄한 커피 빈(Coffee Bean, 커피콩)을 거름망을 장치한 깔때기에 담고, 온수를 통과시켜 추출하는 방식으로 만든 커피를 뜻한다.

2) 유래 · 역사

1908년 독일의 가정 주부였던 멜리타 벤츠(Melitta Bentz)가 터키 커피의 찌꺼기를 걸러내기 위해 종이를 사용하다가, 그 방법을 편리하게 개량해서 깔때기(멜리타 드리퍼)를 만들어 사용한 것이 드립커피의 시초로 알려져 있다. 그 후 드립 기구들이 일본에 넘어와 개량된 것이 지금의 핸드 드립이 되었다.

3) 특징

다른 커피와 달리 사람의 손으로 물을 직접 조절하면서 추출하며, 그에 따라 기본 요소 —— 물맛, 물의 온도, 커피를 간 정도, 필터의 종류, 물을 어떤 속도로 어느 정도 어떻게 부어 커피를 우리는가 —— 에 의해 커피맛이 좌우된다. 프렌치프레스나 모카포트, 침출식 콜드브루 등에 비해서 우려내는 과정이 멋있는 편이라 일본에서는 다도 문화에서 영향을 받아 많은 인기를 끌고 있다. 덕분에 한국에서든 일본에서든 정보나 용품 등을 쉽게 구할 수 있고, 입문자도 많다. 또한 기술적인 요구사항이 많기에 바리스타의 실력이 가장 드러나는 추출법이다. 원두의 품질이 곧 결과물의 품질로 직결되는 프렌치프레스와는 극단적으로 반대방향에 있다고 할 수 있다.

특성상 커피가루 이외에 커피의 유분도 같이 걸러내진다. 하지만 이것은 단점이라고 콕 짚어 말할 수 없는 게, 개인마다 중요하게 생각하는 면이 달라서 호불호가 갈리는 부분이기 때문이다. 바리스타 내에선 오히려 드립커피의 필터가 커피오일을 잡아주면서 원두의 특성을 제대로 나타낼 수 있다고 주장하는 의견이 있다. 드립커피에 쓰일 만큼 관리된 원두들은 생산국가, 농장 등으로 세분화한 다음 맛 표기인 컵노트를 분류하면서까지 차별화되었다는 사실을 생각해 보면 충분히 납득 가능하다. 즉 기름기 없이 깔끔한 맛을 지향한다면 핸드 드립을, 유분을 즐기고 싶다면 프렌치프레스가 홈카페에선 좋은 선택이 되는 편이다.

　최근에는 바리스타가 화려한 테크닉을 과시하기보다는 원두의 특성을 살리고 추출 결과물을 균일하게 하는 쪽의 분위기가 강해지면서 바리스타의 테크닉을 드러내다기보다는 명확한 맛을 위한 추출방식으로 널리 사용되고 있다.

4) 구성품

구성품
① 포트 – 물주전자
② 서버 – 커피가 추출되는 부분
③ 드리퍼 – 커피가루 담는 부분
④ 드리퍼 받침 – 추출 후 드리퍼 올려놓는 곳
⑤ 여과페이퍼 – 거름종이
⑥ 계량스푼

2. 드리퍼의 종류와 사용법

　커피가루를 담는 드리퍼는 여러 제조사에서 다양한 종류로 출시되고 있다. 드리퍼의 기본적인 모양은 비슷하나, 각 드리퍼 내부의 리브(Rib)와 추출구 디자인, 개수가 제조사마다 다르다. 리브는 드리퍼 안쪽에 돌출돼 있는 부분을 가리키는데, 필터와 드리퍼 사이로 공기가 드나들 수 있는 틈을 만들어주는 역할을 한다. 따라서 개수가 많고 높이가 높을수록 공기의 흐름이 원활해지고, 물도 통과하기 쉬워진다. 추출구는 드리퍼 바닥에 있는 구멍으로, 추출된 커피는 이 추출구를 통해 서버로 떨어지게 되는데, 추출구의 크기가 크고, 개수가 많을수록 추출된 커피가 빠르게 흐른다.

이러한 차이 때문에 물을 붓는 드립법도 조금씩 달라진다. 예를 들어, 멜리타나 칼리타의 경우 비슷한 형태의 리브를 갖고 있지만, 추출구의 개수가 다르기 때문에 물 빠짐 속도가 다르다.

두 드리퍼에 같은 양의 물을 붓더라도 추출구가 1개인 멜리타에는 더 많은 물이 남게 되는 것이다. 커피가 물에 잠긴 시간이 길어질수록 추출이 일어나 좋지 않은 향미가 나오게 되므로, 멜리타 드리퍼를 사용할 때는 커피가 배출되는 속도와 양을 고려해 물을 세밀하게 조절해야 한다. 반면 칼리타는 물 빠짐 속도가 빠른 편으로 정교한 드립에 숙달되지 않은 초보자들도 쉽게 사용이 가능하다.

핸드 드립 시에는, 드리퍼와 함께 커피가루를 걸러주는 종이필터(여과지), 추출된 커피가 담기는 서버와 물을 붓는 드립포트가 기본적으로 필요하며, 여기에 온도계나 저울이 추가된다면 보다 정확한 온도와 비율로 커피를 추출할 수 있게 된다. 또한 드리퍼의 모양이 제각각이기 때문에 해당 드리퍼에 맞는 종이필터를 사용해야 원활한 커피 추출이 가능하다.

🫘 칼리타(Kalita)

칼리타 드리퍼는 멜리타 드리퍼보다 리브를 더 많이 촘촘하게 만들었다. 추출구도 3개로 늘려 멜리타보다 물 빠짐이 좀 더 빠르게 개량된 것으로 일본에서 고안했다. 이것은 물 빠짐을 일정하게 만들어주므로, 맛을 잘 표현해 주지만 물줄기를 불규칙하게 하면 오히려 맛이 지나쳐서 부정적으로 변하게 만들기도 한다.

- 3개의 구멍으로 추출
- 교반이 일어나지 않게 나선형 추출
- 멜리타보다 경사가 완만함
- 리브가 깊
- 로스팅 약배전, 분쇄가루는 중간굵기

물줄기의 양을 조절해서 연한 맛과 풍부한 맛의 커피를 표현할 수 있다.

멜리타로 추출한 것 같은 풍부한 맛을 원한다면 물의 양을 적게, 가늘게 부어 추출하면 된다.

추출방법

- 본격적인 추출 전에 커피를 충분히 적셔서 원활한 추출이 이뤄질 수 있도록 뜸을 들인다. 커피 위에 물을 가볍게 올리는 느낌으로 물을 붓는데, 물을 너무 많이 붓게 되면 준비 단계부터 추출이 이뤄질 수 있고, 반대로 너무 적게 부으면 커피 가루의 안쪽까지 충분히 스며들지 않으면서, 제대로 된 추출준비가 이뤄지지 않는다. 드리퍼 내의 커피가루와 같은 양의 물을 부으면 적절하다.

- 물이 스며들기 시작하면 커피가루가 머핀처럼 부풀어오르는 것을 확인할 수 있다. 원두 안에 있던 가스가 빠지는 과정으로, 일반적으로 부푸는 정도를 통해 원두의 신선도를 가늠할 수 있다. 그리고 커피가루의 내부에는 미세한 물길들이 생기게 된다. 잠시 후 부풀어오르던 것이 멈추면, 본격적인 추출을 시작한다.

- 중심부터 가늘게 물줄기를 유지하면서 물을 붓는다. 작은 동전 크기부터 원을 그리듯 물을 붓기 시작해서 점차 크기를 늘려가고, 물줄기도 굵게 한다. 내부에 형성된 물길을 따라 물이 고르게 퍼져 나가면서 커피의 추출이 이뤄진다.
- 커피의 성분 중 대부분은 초반에 많이 추출되기 때문에, 원하는 양의 절반 정도가 추출됐다면 상당히 진한 상태다. 이때, 추출을 멈추고 원하는 양의 뜨거운 물과 섞어서 마시거나, 얼음과 바로 섞어서 아이스커피로 즐겨도 좋다.
- 절반 이후부터는 원하는 양까지 물 붓는 속도와 굵기를 두껍고 빠르게 하면서 마무리한다.

☕ 멜리타(Melita)

- 1개의 구멍으로 추출
- 물이 떨어지는 속도가 느림
- 직면의 경사가 큼
- 붓는 물의 양을 정확하게 한 번 추출하여 완성
- 로스팅 중간배전, 분쇄가루는 가늘게
- 리브가 짧고 촘촘함
- 커피 본연의 맛을 표현

멜리타 드리퍼의 생김새는 칼리타 드리퍼와 닮았다. (정확하게는 칼리타가 원조인 멜리타를 모방한 것이다). 밑으로 갈수록 좁아지는 형태도 비슷하고, 리브가 나 있는 모양새도 비슷하다.

칼리타 드리퍼와 다른 점은 경사각과 리브의 차이이다. 멜리타의 경사각이 칼리타에 비해 가파르며, 리브도 굵은 편이다. 두 드리퍼의 가장 큰 차이점은 추출구의 개수에 있다.

칼리타는 3개의 추출구를 갖고 있지만, 멜리타는 중앙에 1개만 갖고 있다. 추출구의 개수가 적은 만큼 드리퍼 내부의 물 빠짐 속도가 느린 것이 특징이다. 드리퍼 내부에는 물이 차오르면서 추출이 일어나는데, 이러한 방식을 '침출식'이라고 한다.

침출식은 커피가루와 물이 충분히 만나면서(Brewing), 커피의 깊고 진한 향미까지 추출할 수 있는 장점이 있다. 그러나 추출시간이 길어지는 만큼 과다추출의 위험도 있기 때문에, 적절한 추출시간과 양을 조절할 수 있어야 한다.

추출방법

- 멜리타 역시 다른 드리퍼와 동일하게 뜸들이기로 시작한다. 드리퍼에 담긴 커피 양만큼 물을 적시며, 물을 머금은 커피가루가 부풀어오르다가 멈추면 본격적으로 추출을 시작한다.

- 드리퍼의 중심에서 바깥쪽과 안쪽으로 천천히 물줄기를 조절한다. 드리퍼 내의 물 빠짐이 느리기 때문에, 가늘고 일정한 속도를 유지해야만 넘치지 않는다. 또한 추출 중 부풀어오르는 거품의 색을 통해 커피가 추출되는 정도를 파악할 수 있다. 원하는 만큼의 물을 부었다면, 잠시 후 드리퍼 내부의 수위가 추출구 아래까지 낮아지면서 자연스럽게 추출을 멈추게 된다.

고노(Kono)

고노 드리퍼는 원뿔형이고 추출구가 큰 편이며 리브가 드리퍼의 중간 이하의 하단에만 있다. 물을 부으면 물은 물 빠짐이 안 되는 드리퍼 상단에서 어느 정도 머물러 있다가 리브가 시작되는 하단에 도달해서야 밑으로 물 빠짐이 되는 구조이다.

이런 특징으로 볼 때 이 드리퍼는 추출속도를 어느 정도 느리게 만들기도 하므로 진하면서 부드러운 맛을 내기가 쉽다.

- 1개의 큰 구멍으로 추출
- 추출속도가 빨라 충분히 뜸을 들여야 함
- 분쇄 굵기 조절 가능
- 리브가 짧고 듬성함

고노는 사용이 다소 까다로운 드리퍼로 알려져 있다. 물방울을 점점이 떨어뜨리는 '점드립'이 대표적인 드립법으로 알려졌기 때문이다. 정교한 물 조절이 필요한 점드립은 초보자들이 따라 하기 쉽지 않은 드립법이다. 그러나 원리를 이해하면, 반드시 방울형태의 점드립을 해야 한다는 부담에서 벗어날 수 있다.

방울방울 물을 떨어뜨리는 고노식 점드립은, 커피가루의 밀도가 높은 가운데를 적셔주면서, 균일한 추출이 일어나도록 준비하는 과정이다.

점드립의 배경은 원뿔형으로 인한 드리퍼 내부 커피가루의 밀도 차에 있다. 밀도는 드리퍼의 중심부가 가장 높고 바깥으로 갈수록 낮아지는데, 고른 추출을 위해서는 밀도가 높은 중심부를 충분히 적셔줘야 한다. 이때 한번에 많은 양의 물을 부으면 안쪽까지 물이 스며들지 못하면서, 추출준비가 이뤄지지 않은 부분이 생긴다. 이는 추출 시 부분적인 과소·과다 추출의 원인이 된다.

따라서 점드립은 천천히 물방울을 떨어뜨려서, 중심부를 충분히 적셔주기 위한 과정이라고 할 수 있다. 또한 밀도가 낮은 주변부는 중심부로부터 흘러드는 물로 적셔지면서, 드리퍼 내부의 모든 커피입자가 추출이 일어날 수 있는 준비를 하게 된다. 이 과정을 통해 균일한 추출이 일어날 수 있는 조건이 만들어지는 것이다. 반드시 점드립으로 해야 한다는 생각보다는, 커피가루를 충분히 적신다는 생각으로 천천히 물을 떨어뜨리면 된다.

추출방법

- 커피가루의 밀도가 높은 드리퍼의 중심부에 천천히 물을 부어준다. 한꺼번에 많은 양이 쏟아지지 않는 것이 중요하다. 일정량의 물이 부어지면 추출된 커피가 서버로 흐르게 되는데, 이때 리브가 있는 하단에서부터 추출이 이뤄지는 것을 확인할 수 있다.
- 커피가루가 부풀어오르고 어느 정도 커피가 추출됐다면, 부어주는 물의 양을 조금씩 늘리기 시작한다. 물을 붓는 원의 크기가 커질수록 물의 양이 늘어나게 되며, 이때도 역시 가운데를 중심으로 부어준다.
- 원하는 맛과 향의 커피가 일정량 추출됐다면, 물의 양을 좀 더 늘려서 부어준다.
- 추출이 거의 막바지에 이르면 충분히 물을 부어주고, 원하는 양에 다다르면 드리퍼를 빼면서 마무리한다.

🌱 하리오(Hario)

하리오 드리퍼도 고노 드리퍼와 같이 원뿔형이나 추출구가 더 큰 편이다. 리브는 고노 드리퍼와 달리 회오리 모양이며 상부까지 리브가 만들어져 있어 물빠짐 속도가 매우 빠른 편이다. 추출속도가 빨라서 연하고 부드러우며 산뜻하고 풍부한 향과 깔끔한 후미를 가지게 된다. 하리오 드리퍼를 이용하여 진한 커피를 추출하고자 한다면 커피 양을 늘리거나 분쇄 입자를 가늘게 하여 추출속도를 떨어뜨려야 한다.

- 1개의 큰 구멍으로 추출(고노보다 큼)
- 둥근 원뿔형
- 추출속도가 빠르며, 아이스커피에 적당
- 리브가 회오리처럼 되어 있음
- 잡미가 없고 깔끔한 맛 표현

추출방법

- 뜸들이기는 커피가 골고루 추출될 수 있도록 적셔주는 단계로, 담겨진 커피 양만큼의 물을 약하게 부어준다. 물을 부었을 때 바닥으로 한두 방울 떨어질 정도면 된다. 30초 정도 후에, 부풀어오른 커피가 한 차례 꺼지면 본격적으로 물을 부어준다.

- 첫 물을 부은 후 10~15초 간격으로 물을 붓는데, 매회 물의 양을 조금씩 늘려서 붓는다. 드리퍼 내부에서 물과 커피가루가 활발하게 만날 수 있도록 공간을 확보시켜 주는 것이다.

- 이때 물 붓는 속도가 느려지면 추출시간이 길어지면서 진한 농도의 커피가 추출되고, 빠르게 부으면 추출시간이 짧아지면서 연한 농도의 커피가 추출된다.

• 어느 정도 원하는 맛의 커피가 추출됐다면, 빠르게 추출수를 부어 마무리한다.

융드립(Flannel drip)

• 지방성분의 추출량이 많아 바디감과 부드러운 쓴 맛이 풍부한 커피
• 사용횟수가 늘어나면 융(flannel)의 투과시간이 느려져 일관된 추출이 어려움

융필터는 종이필터에 비해 구멍이 크므로 지질까지 통과하여 추출되는 특색이 있다. 그래서 더욱 풍성하고 묵직한 맛을 이끌어낼 수 있다. 하지만 융필터는 사용 후의 세척과 보관이 어려운 단점이 있다. 잘못 보관하면 이전에 추출한 커피의 오일냄새가 배어 있어 다음 추출에 영향을 주기도 한다.

또한 융필터를 사용할 때는 세팅도 신경 써야 한다. 융털이 있는 면을 밖으로 하고 매끈한 면을 안쪽으로 준비해야 한다. 만약 뒤집어서 추출하면 커피성분이 통과할 때 안쪽에 있는 융털이 함께 구멍으로 밀려나오려고 하기 때문에 추출 시 방해가 된다. 그래서 일반적으로는 간편성과 청결함, 뒤처리의 손쉬움의 이유로 주로 종이필터를 선호하는 편이다.

3. 핸드 드립방법

깔때기 모양의 드리퍼에 종이필터를 넣고 드립 서버에 얹은 다음, 필터 안에 적절한 크기로 분쇄한 커피를 담고 뜨거운 물을 부어 잠시 불린 다음 드립포트로 마저 물을 부어서 여과하여 커피를 추출한다. 이때 물을 붓는 방식에 여러 종류가 있는데, 그냥 물을 붓는 것과 다름없는 유러피언 드립(푸어 오버), 일본식 드립에서 볼 수 있는 나선형 드립과 동전 드립, 플라워 드립, 점을 찍듯이 물을 붓는 점적 드립 등이 있다.

푸어 오버 이외에 뭔가 있어 보이는 방식은 거의 일본식 혹은 그 파생형들이다. 커피문화의 상당부분을 일본에서 받아들인 한국에서는 일본식이 대세였고 유럽이나 미국으로도 일본식이 역수출된 상황이다. 하지만 스페셜티 커피업계에서 품질의 균일화에 용이한 푸어 오버 방식이 유행하면서 다시 유럽식이 대세가 되었다.

원두량과 추출량 : 핸드 드립은 보통 원두 10g에 물 150ml 기준으로 추출한다.

물의 온도 : 85~95℃ 정도의 정수물을 사용한다.

뜸들이기 : 투입 원두의 2배 정도로 물을 부어 30~40초 동안 뜸을 들인다. 이때 부풀어오르는 커피빵의 정도에 따라 원두의 신선도를 확인할 수 있다.

만약, 약볶음(Medium Light)의 원두를 추출하려면 85~95℃의 일반 추출온도보다 더 높은 끓는 물을 이용해야만 덜 볶아진 커피조직에서 커피성분을 충분히 우려낼 수 있을 것이다.

또한, 핸드 드립을 할 때 본격적으로 커피성분을 뽑아내기 전 커피가루에 뜨거운 물을 살짝 부어 뜸들이기 또는 불리기를 한다. 커피성분을 용해시켜 진한 커피성분이 연한 액으로 쉽게 끌려 나오게 하기 위한 것이다. 충분한 뜸들이기를 한 후에 추출한 커피 추출액의 농도와 뜸들이기를 하지 않거나 짧게 하고 빠르게 추출한 커피 추출액의 농도는 확연히 다르다.

핸드 드립을 할 때, 커피분쇄 입자 크기도 아주 중요하다. 분쇄입자 크기의 중요성에 대해서는 여러 번 강조한 적이 있다. 가루의 입자가 너무 가늘면 가루가 필터의 구멍을 막아서 물이 천천히 통과하도록 만들기 때문에 진한 커피를 만들 수 있다.

반대로, 입자가 너무 굵으면 물이 빠르게 통과하게 되므로 추출 커피가 연하게 된다. 종이필터를 사용하면 0.02mm 입자 이하에서 구멍이 막히며, 융필터를 사용할 경우 0.08mm 이하의 입도에서 막히게 된다는 실험데이터가 있다.

흔히, 분쇄입자의 크기가 1mm 이상일 때 굵은 분쇄라고 한다. 중간분쇄는 1~0.7mm, 가는 분쇄는 0.7~0.5mm, 에스프레소 분쇄는 0.3~0.25mm, 그 이하는 미분이라고 말한다. 그런데 동굴 모양의 조직을 가진 원두를 1mm 크기로 분쇄한다면 모두 정확히 1mm 크기로 절삭되는 것은 아니다.

약 30% 정도만 1mm 크기를 만들고 나머지는 으깨어지거나 파쇄되는 것도 있어서 1mm 이하의 크기도 포함하게 된다. 따라서 일정한 분쇄입자의 커피가루를 준비하는 것이 커피의 맛을 크게 좌우하는 중요한 요소가 되는 것이다.

1) 나선형 드립

- 나선형 드립방법은 드리퍼의 중심에서 시작해서 밖으로 나가다가 다시 안쪽으로 들어오는 방식
- 2인 기준 원두 20~30g 분쇄

  1회 30초 동안 90ml 추출

  총 3회에 걸쳐 270~300ml 추출
- 이때 추출속도와 맛에 따라 회전수와 횟수는 변화를 주면서 추출한다.

2) 동전 드립

- 동전 드립방법은 나선형 방식과 동일하나 500원짜리 동전만 한 크기로 드립한다.
- 1회 30초 동안 90ml 추출

  총 3회에 걸쳐 270~300ml 추출
- 이때 추출속도와 맛에 따라 회전수와 횟수는 변화를 주면서 추출한다.

3) 플라워 드립

 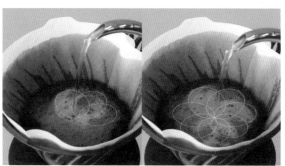

- 플라워 드립은 가운데를 시작으로 스프링처럼 타원을 그려가며 꽃잎을 만드는 방식
- 1회 30초 동안 90ml 추출

  총 3회에 걸쳐 270~300ml 추출
- 이때 추출속도와 맛에 따라 회전수와 횟수는 변화를 주면서 추출한다.

4) 점 드립

- 점 드립은 가운데를 중심으로 방울방울 드립한다. 정중앙에만 떨어뜨려도 맛은 충분히 추출된다.
- 물줄기가 안정적으로 떨어진다면 나선형 점 드립으로 추출하면 보다 풍부한 맛을 느낄 수 있다.
- 고노 드리퍼를 이용해 30g, 추출량 100㎖, 3분 추출을 추천한다.

핸드 드립커피는 원두의 종류, 로스팅 배전도, 분쇄입자 굵기, 물의 온도, 드리퍼, 드립방법들을 모두 이해해야 다양한 커피맛의 표현이 가능하다. 추출방법이 이상하다 하여 바리스타의 스킬이 부족한 것이 아니라 바리스타 자신만의 스킬이 있다고 인정해야 한다. 다만 고객이 요구하는 맛을 충분히 만족시켰을 경우이다.

핸드 드립커피는 고객이 원하는 산지와 맛을 선택하고 풍미와 바디감을 기호에 맞게 주문하기 때문에 어떤 드리퍼와 어떤 방식으로 추출할지는 바리스타가 결정하고 표현해야 한다. 고객이 만족하는 맛이 표현됐다면 인정받는 핸드 드립 스킬을 가진 바리스타일 것이다.

✿ 핸드 드립을 연습하는 방법

① 일정한 물줄기 연습

- 20초간 100ml 일정하게 한곳에 붓기
- 30초간 100ml 일정하게 한곳에 붓기

② 나선형 드립

- 20초간 100ml 일정하게 나선형 드립으로 붓기
- 30초간 100ml 일정하게 나선형 드립으로 붓기

③ 뜸들이기

- 분쇄원두의 양과 1:1 비율로 불림

④ 드립 물줄기 속도 조절

- 회차별 물줄기 속도를 다르게 해서 맛 평가
- 1차 추출 90ml 30초 / 2차 추출 90ml 25초 / 3차 추출 90ml 20초
- 1차 추출 90ml 20초 / 2차 추출 90ml 25초 / 3차 추출 90ml 30초

⑤ 다양한 추출방법 연습

- 나선형 드립, 동전 드립, 플라워 드립, 점 드립

⑥ 다양한 드리퍼를 이용한 추출 연습

⑦ 드리퍼와 드립방법에 따른 맛 표현의 이해

- 드리퍼별 다양한 추출방법을 통해 맛 표현 연습

⑧ 각 산지별 커피 맛의 이해

- 산지별 특징들을 핸드 드립을 통해 표현하는 연습

🌱 미각에 관한 용어(Gustation terminology)

acidy	커피의 산 성분들이 전체적인 단맛을 위해 당과 결합하면서 생기는 커피의 주된 맛
acrid	첫 모금 마실 때 혀의 뒤쪽 옆면에서 느껴지는 쏘는 듯한 강한 신맛
after taste	추출된 커피를 마신 후 남은 잔여물로부터 나오는 맛
aged	덜 산성이며 더 많은 바디를 가진 커피 빈의 맛 수확 후 산화현상 중 화학적 변화로 일어나는 효소 활동의 결과
alkaline	다트 로스트 커피의 쏘는 듯한 맛이 변화되어 나타나는 맛으로 혀의 뒤쪽에서 느껴지는 건조한 느낌의 맛
aroma	추출된 커피에서 나온 향. 코로 향을 맡아보면 과일 맛부터 풀냄새까지 다양함
astringent	탄 맛과 혀의 앞부분이 느끼는 짠맛을 특징으로 하는 두 번째 커피 맛. 소금의 짠맛을 높이는 산에 의해 만들어진다. 산성분들은 떫은맛을 유발하는 특징이 있음
basic taste	신맛, 쓴맛, 짠맛의 대표적인 커피의 맛
bitter	커피의 일반적인 맛이며 카페인, 알칼로이드에서 느낄 수 있는 일반적인 쓴맛. 어느 정도의 쓴맛은 바람직함
bland	커피콩의 당분이 염분과 결합하여 짠맛을 감소시키면서 만들어내는 커피의 기본적인 맛
brackish	짜고 알칼리 맛이 나는 잘못된 커피 맛. 커피를 뽑은 후 너무 오래 가열함으로써 물이 증발되고 염분과 알칼리성 무기물이 농축되어 나타나는 맛
carbony	신 커피를 마시고 난 뒤에 느낄 수 있는 맛으로 휘발성이 약간 있는 이종고리 화합물에서 나오는 향이며, 크레오졸 같은 물질에서 나오는 페놀향 냄새 혹은 피리딘에서 나오는 약간 탄 냄새 같은 기분
caustic	혀의 목 가까운 부위에서 확하고 느껴지는 타는 듯한 시큼한 맛

chocolaty	커피를 마시고 난 뒤에 남는 휘발성이 약간 있는 피라진(pyrazine) 화합물과 같은 향으로서 당분이 없는 초콜릿이나 바닐라 같은 향
creosol	혀 안쪽으로 긁는 것 같은 기분이 드는 맛으로 콩을 검게 볶아서 페놀 화합물이 많이 생겼을 때 이런 맛이 생김
delicate	커피의 직접적인 맛은 아니지만 혀 끝 바로 뒤쪽에서 언뜻 느껴지는 약간 달콤한 것 같은 맛. 당분과 염분이 미묘하게 어우러져 어렴풋하게 단맛을 남기면서 다른 맛 속으로 사라지는 맛
flavor	커피를 마시는 중 혹은 마시고 난 뒤 입에서 느껴지는 음료의 물질적 질감
full	총체적 향미(bouquet)의 강도를 표현하는 말로서 향이나 맛이 제법 뚜렷하게 드러나는 상태
grassy	방금 깎은 목초냄새와 풀의 떨떠름함이 살짝 비치는 듯한 커피콩의 냄새. 푸른콩에 많은 질소성분이 콩이 익는 동안에 많이 남아서 생김
groundy	흙 냄새 같지만 곰팡이 냄새와는 또 다른 흙 냄새
hard	첫 모금을 마실 때 혀의 뒤쪽 양옆에서 느껴지는 쏘는 듯한 신맛
heavy	커피 음료 안에 고형물질이 많이 섞여 있는 상태를 이름. 물에 녹지 않는 단백질 성분이 많거나 커피콩의 섬유질이 잘게 분쇄됨으로써 생기는 현상
hidy	기름기도 있고 살짝 가죽냄새 같은 기분이 드는 커피향. 커피콩 수확 시 건조과정에서 기계건조방식 등을 사용할 때 너무 온도가 높아 커피콩 속의 지방이 분해되면서 나는 냄새
insipid	커피콩에서 유기물들이 다 빠져서 커피에 전혀 생생한 맛이 없는 경우 커피콩을 볶고 난 뒤 콩 안에 공기(산소)와 습기가 들어가서 생김
malty	적당히 휘발성이 있는 알데하이드나 케톤(ketone) 성분에 의해 형성되는 향으로, 곡물을 볶은 듯한 기분이 드는 향
medicinal	혀 안쪽에 쏘는 듯한 신맛을 남기는 불량한 커피 맛. 산도를 강하게 하는 알칼로이드(alkaloid)가 당분이 없는 상태에서 만들어내는 맛
mellow	단맛 성분이 있을 때 느껴지는 커피의 1차 맛으로 염이 당분과 결합하여 커피의 단맛을 증가시킬 때 느껴지는 맛
mild	첫 모금을 마실 때 혀끝에서 느껴지는 산뜻한 단맛
neutral	산의 신맛과 당의 단맛을 중화시킬 정도나 짠맛이 날 정도는 아닌 정도의 농도로 염이 농축되어 생성
nippy	첫 모금을 마실 때 느껴지는 강렬한 단맛

peasy	너무 설익은 커피 열매에서 느껴지는 커피의 맛
piquant	혀의 끝에서 느껴지는 짜릿하고 달콤한 맛에 압도되는 2차 커피 맛으로 일반적인 산(acid)의 함유량보다 높게 나타내는 맛으로 얼얼하고 알싸한 맛
quakery	약하게 세척되고 미성숙된 채로 볶아진 커피 빈들이 섞여서 나타내는 맛으로써, 수확기간 동안 익지 않은 녹색 커피의 수확으로 발생
rancid	그린 커피빈의 로스팅 후 산소와 수분이 부족해짐으로써 나타나는 맛
roasty	그린 커피빈의 볶는 정도에 따라 커피가 가지고 있는 원래 커피향의 성분이 강한 성향으로 느껴지는 현상
sharp	커피에 있는 산이 무기질과 결합하여 커피 전체에 무기질 맛이 증가할 때 느껴짐
soft	혀에서 특징적인 맛을 느끼지 못하고 드라이한 맛만 느껴짐
soury	커피 무기질이 산과 결합하여 전체적인 신맛이 감소
tangy	과일맛과 유사한 맛으로 시큼한 맛
tart	떫은 신맛 성분이 많이 함유된 강한 신맛
winey	신맛 성분이 많을 때 나타나는 맛

06

카페창업의 정의 및 창업 절차

06 카페창업의 정의 및 창업 절차

Chapter

1. 카페창업의 정의 및 창업 절차

1) 카페창업의 정의

창업은 개인 및 집단이 물적, 인적 자원을 결합함으로써 상품 또는 서비스를 조달, 판매하는 활동을 시작하는 것을 뜻한다.

일반적으로 창업아이템을 선정하는 것이 창업 절차의 시작으로, 경영형태 선정 → 사업전략의 수립 → 사업계획서 작성 → 계약체결 → 개업 등의 과정을 거치는 것이 일반적이다.

카페창업 절차의 가장 첫 단계는 희망하는 창업아이템을 두고 각 창업아이템 후보에 대해 시장성이나 민감도, 기술성, 상권력, 입지력, 경쟁력, 경기현황 등 외부환경과 점주의 자질 및 경험, 경영능력, 재무의 건전성, 수익성, 상품성, 시설, 경쟁력 등의 내부역량 조사를 통하여 사업의 타당성을 분석하여 가장 좋은 아이템을 선정하는 것이다.

카페창업의 경우에는 이미 아이템이 카페로 선정되어 있지만, 독립점으로 창업할 것인지 프랜차이즈(franchise) 카페창업을 할 것인지, 그리고 프랜차이즈(franchise) 카페창업을 결정하였다면, 어떤 브랜드의 프랜차이즈(franchise) 카페창업을 할 것인지 결정해야 한다.

이러한 것은 경영형태를 정하는 것과도 연결되어 있다.

왜냐하면 창업자의 기술적인 전문성이나 원자재 혹은 유통라인 구축의 가능성에 따라 독립점이 유리할 수도 있고, 프랜차이즈(franchise) 카페창업이 더욱 유리할 수도 있기 때문이다.

만약 프랜차이즈(franchise) 카페창업을 선정할 경우 본사의 자본력과 설립연도, 가맹점의 평균 매출액, 영업 지원 정도 등을 파악하여 가맹사업본부를 평가해야 하는데, 이러한 경우 가맹사업법에 의거, 정보공개서를 작성하여 요구하면 보다 효과적인 프랜차이즈(franchise)에 대한 평가가 가능하다.

이후 카페창업 절차는 독립형태의 창업과 프랜차이즈(franchise) 형태의 창업이 크게 달라진다. 기본적인 사업전략 수립, 사업계획서 작성, 계약체결 및 개업 등의 창업 절차 순서는 동일하지만, 프랜차이즈(franchise) 형태의 카페창업을 선택하였을 경우 본사의 지원에 의해 상권, 입지, 홍보, 판촉, 상품수급, 인테리어 등의 창업에 필요한 전반적인 부분을 프랜차이즈(franchise) 가맹사업본부의 지원에 의해 처리하게 한다.

하지만 프랜차이즈(franchise) 본사 방침에 따라 지원항목이 변동될 수 있으므로 카페창업 절차의 경영형태 선정 시 조사된 정보를 다시 한번 세밀하게 검토하는 것이 중요하다.

카페창업은 다양한 접근을 통하여 알아보는 것도 중요하나 창업 초보라면 이러한 카페창업 절차를 통해 체계적으로 준비하는 게 더욱 도움이 될 것이다.

2) 카페창업 절차

최근, 창업에 관심이 쏟아지고 있는 가운데 여러 가지 창업아이템이 관심을 받고 있다.

특히, 테이블당 회전율이 좋고 깔끔한 인테리어를 갖춘 카페창업이 더욱 인기 있는 추세이다.

그렇다면 카페창업을 위한 절차는 어떨지 살펴보기로 하자.

(점포 계약 및 인테리어 공사 → 영업신고 → 사업자등록증 발급)

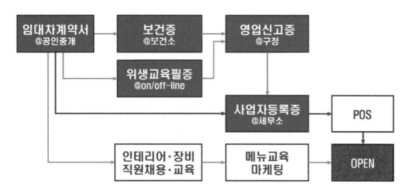

① 위생교육

 - 휴게음식점 : (사)한국휴게음식업중앙회
 - 일반음식점 : 한국외식업중앙회

   (휴게음식점과 일반음식점의 가장 큰 차이는 "술"을 팔 수 있고 없고의 차이 이다.)

    – 교육시간 : 1일(6시간)

② 보건증

    – 관할 보건소(사진 2매, 신분증 필요)

    – 발급까지 3~5일 소요(인터넷으로 발급증 출력 가능)

③ 소방시설(1층이 아닌 시설. 소방완비증명서 필요)

    – 2층 이상 : 100㎡ 이상

    – 지하 : 66㎡ 이상

    – 소방시설 및 방화시설

④ 영업허가

    – 위 구비사항을 준비하여 관할구청에서 신청

⑤ 사업자 등록

    – 관할 세무서

    – 주민등록등본, 임대차계약서 사본, 영업허가증 필요

    – 일반과세자 & 간이과세자 결정

      일반과세자 : 매출의 10% 부과세 신고(7월, 1월) 세금 납부

      간이과세자 : 연매출 4,800만 원 미만의 사업자는 부가가치세 면제

                연매출 8,000만 원까지 간이과세 적용을 받으므로 연매출

                4,800~8,000만 원의 사업자만 간이과세로 부가가치세를 납부

점포 계약 전 해당 지역 구청 위생과에 연락해서 카페가 가능한 자리인지 꼭 확인하셔야 한다.(건축물 용도 : 2종근린생활시설)

영업허가의 첫 번째 조건이 바로 위생교육이다.

위생교육필증, 소방시설 완비 증명서, 시설도면 위치도, 시 수입인지대, 채권비용을 가지고 구청(또는 시청)에 가서 허가를 신청하면 된다.

30평 미만은 신고로만 가능하고, 이상은 허가를 받아야 한다.

영업허가증을 받고 세무서에 가서 사업자등록을 하면 영업허가와 관련된 사항은 마무리된다.

3) 기존 사업장 양도양수방법

명의변경 절차와 서류 및 세무 정리

영업신고증 명의변경(양도양수) → 기존 사업자등록 폐업 및 신규 사업자등록 → 오픈일 전에 카드단말기 승인 확보 → 기존 사업자 익월 25일까지 폐업 부가세 신고

(1) 영업신고증 명의변경(양도양수) 및 사업자등록증 폐업, 신규 서류

사업을 종료하는 대표자 준비서류

① 신분증 사본
② 영업신고증
③ 사업자등록증

④ 인감증명서 1통

⑤ 인감도장(서류 날인)

사업을 시작하는 대표자 준비서류

① 신분증 사본

② 보건증

③ 위생교육 수료증

④ 임대차 계약서

⑤ 인감증명서 1통

⑥ 인감도장(서류 날인)

⑦ 층수 & 평수에 따른 추가 서류 발생 가능

(2) 카드단말기

보통 영업신고증 명의 변경(양도양수)을 진행하는 사업장을 보면 신규로 진행하는 경우도 있지만 바로 이어서 계속 사업을 유지하는 분들도 많다. 이러한 경우 단말기가 정지되지 않도록 기존 단말기업체에 전화해서 단말기도 재계약이 이루어져야 한다.

(신규사업자 카드가맹 신청은 단말기 회사에 사업자등록증과 신분증사본을 제출하면 대행 가능하다.)

(3) 기존 사업자 대표님 폐업 부가가치세 신고 및 종합소득세 신고

사업자를 폐업한 다음 달 25일까지 폐업 부가가치세 신고/납부를 하고 다음 연도 5월 종합소득세 신고까지 마무리해야 모든 것이 종료된다.

2. 상호 LOGO(프로필)

1) 상호

일반적으로 개인사업자는 따로 등기를 진행하지 않아서 사업자 등록신고 그 자체가 상호등록인 것이다. 상호에 대한 독점권을 행사하고 법적인 보호를 받기 위해서는 상표등록을 받아야 한다. 상표등록 없이 상호를 사용하는 중에 상표등록업체에서 내용증명을 발송하면 상호를 변경해야 하는 상황이 발생할 수 있다.

(상호는 관내에 동일한 상호 사용금지)

상호의 상표 등록을 함으로써 보호받고자 한다면 상표출원절차를 밟아야 한다.

출원, 심사, 공고, 등록 이렇게 4가지 과정을 거쳐야 상표출원이 완료된다.

특허청에 상표출원서류를 제출해 신청하는 출원과정 이후 심사가 시작되는데 이 과정에서 거절 사유가 발견되지 않는다면 공고 결정이 나고 이 공고기간에 이의신청이 들어오지 않는다면 상표등록을 받게 되는 것이다.

그러나 거절 사유가 존재한다면 의견제출통지서가 발급되고 해당 거절사유에 대해 보정서나 의견서를 작성해 극복해야 한다.

2) LOGO

상호가 결정되면 사람들에게 우리 카페를 좋은 인상으로 남게 하기 위해서는 카페 로고 디자인부터 패키지 디자인, 포스터, 메뉴판, 부자재에 사용할 LOGO를 제작해야 한다.

3. 장소 선정 및 시장조사

1) 장소 선정방법

잘 아는 지역부터 시작하라

카페 운영에서 초기 매출은 대부분 지인들로부터 발생한다. 오랜 기간 생활한 지역이라면 부모, 형제, 친구들의 지인들이 많이 모여 있기 때문에 그곳에 창업하면 오픈 초기 수익이 발생하기 가장 좋은 조건이 된다. 또한 동네의 특성 및 음료 수요자들이 많이 모여 있는 곳과 유동인구가 가장 많은 곳들을 선정하는 데 유리할 수 있다.

커피 수요자들의 특징을 파악하라

지역이 선정되었으면, 커피 수요자들의 특징을 파악해야 한다.

회사 밀집지역

직장인들이 많이 모여 있는 곳이라면, 점심시간 반짝 테이크아웃 손님이 몰리는 곳으로 매장의 규모와는 상관없이 주변 카페들이 평균적인 매출이 이루어지는 곳이다. 매장별 커피머신 1대에서 추출할 수 있는 커피에 한계가 있기 때문에 30분 정도 남은 점심시간에 한곳에서 오랜 시간 줄서서 구매할 수 없다. 그러므로 주변의 비교적 여유로운 카페를 이용하게 된다. 그러나 점심시간 이후나 직장인들 퇴근 이후 및 주말에 매출이 낮을 수 있다.

주택가 및 아파트단지 밀집지역

어린이집 및 유치원 자녀 등원 후 어머니들이 오전시간 친목도모와 정보교류를 위해 카페를 방문하는 곳이다. 모임이 가능하도록 넓은 좌석배치 및 여유로운 매장공간이 필요하다. 특정시간에 매출이 이뤄지기보다 운영시간 동안 틈틈이 매출이 이루어지는 곳이다. 음료매출만으로 수익이 충분히 발생되지 않기 때문에 다양한 디저트 및 효율적인 공간활용이 필요하다.

대학생 및 고시생 주거 밀집지역

원룸 및 고시텔에서 생활하는 학생들이 모여 있는 곳의 카페는 독서실 개념으로 운영된다. 주변 카페가 모두 만석으로 운영되는데, 문제는 손님 회전율이 낮다는 것이다. 음료 한 잔 시켜놓고 오랜 시간 머물면서 공부와 과제들을 하기 때문에 늦은 시간까지 운영되어야 한다. 1인 좌석이 많이 확보되어야 하며, 노트북 및 핸드폰 충전을 위한 콘센트도 자리마다 비치되어 있어야 손님 유치가 유리하다.

대학가 및 번화가

대학가 및 커피문화거리 등 번화가가 카페창업 최적의 조건이다. 평일, 주말, 특정시간대 없이 꾸준히 손님이 몰리는 곳으로 인테리어와 음료, 디저트 콘셉트만 잘 잡으면 매출이 확실한 장소이다. 그러나 매출대비 지출비용과 초기 투자비용이 문제이다. 높은 보증금과 권리금, 임대료, 인건비 등 많은 매출만큼 많은 고정 지출이 발생하기 때문이다.

커피 맛의 기호 분석

음료 판매의 90% 이상을 차지하는 커피의 맛을 결정해야 한다.

창업하고자 하는 주변 카페의 커피 맛을 분석하고 선호하는 커피 맛을 결정한다.

① 신맛과 향이 강조되는 커피

② 고소하고 마일드한 커피

③ 묵직한 바디감이 강조되는 커피

④ 구수하면서 훈연된 쓴맛이 강조된 커피

음료의 메뉴구성 및 판매가격 분석

기본적으로 카페에서 판매되는 메뉴 외에 시그니처(signature) 메뉴가 있어야 한다. 주변 매장별 고객이 선호하는 메뉴들을 조사하고, 분석해서 주메뉴로 구성하고 그 외 연령대 및 성별에 맞는 특징적인 메뉴가 추가되어야 한다.

판매가격은 주변 상권과 비슷하거나 높게 책정하는 것이 좋다. 신규 매장들이 오픈할 때마다 판매금액을 점점 낮춘다면 주변 모든 매장들의 수익이 점차 감소하게 된다.

4. 계획상품 소개(메뉴, 가격, 레시피, 특장점)

1) 카페메뉴

① Coffee Menu

▫ 에스프레소	▫ 아메리카노	▫ 카푸치노	▫ 카페라떼
▫ 바닐라라떼	▫ 헤이즐넛라떼	▫ 카페모카	▫ 카라멜마끼아또
▫ 스페니쉬라떼	▫ 아인슈페너	▫ 티라미슈라떼	▫ 콘파냐
▫ 아포가토	▫ 흑당라떼	▫ 달고나라떼	▫ 슈크림라떼

② Non Coffee Menu

▫ 녹차라떼	▫ 홍차라떼	▫ 오곡라떼	▫ 고구마라떼
▫ 단호박라떼	▫ 홍삼라떼	▫ 초코라떼	▫ 민트초코라떼
▫ 오트밀라떼	▫ 블랙빈라떼	▫ 토피넛라떼	▫ 딸기라떼

③ Beverage Menu

▫ 레몬에이드	▫ 블루레몬에이드	▫ 자몽에이드	▫ 딸기에이드
▫ 청귤에이드	▫ 청포도에이드	▫ 복숭아에이드	▫ 아이스티

④ Tea Menu

▫ 녹차	▫ 홍차(얼그레이, 아쌈, 다즐링, 잉글리쉬브렉퍼스트)		
▫ 히비스커스	▫ 캐모마일	▫ 꿀자몽차	▫ 애플유자티
▫ 블랙자몽티	▫ 꿀레몬차	▫ 유자차	▫ 대추차
▫ 쌍화차			

⑤ Smoothie Menu

▫ 딸기스무디	▫ 딸기바나나스무디	▫ 딸기요거트스무디	▫ 망고스무디
▫ 망고바나나스무디	▫ 망고요거트스무디	▫ 블루베리스무디	▫ 요거트스무디
▫ 녹차프라푸치노	▫ 모카프라푸치노	▫ 카라멜프라푸치노	▫ 카페프라푸치노

⑥ Real Fruit Juice Menu

▫ 토마토주스	▫ 키위주스	▫ 수박주스	▫ 청포도주스
▫ 복숭아주스	▫ 자두주스		

⑦ Dessert Menu

▫ 베이글	▫ 프레즐	▫ 치아바타	▫ 허니브래드
▫ 허니버터볼	▫ 팟파이	▫ 브리또	▫ 샌드위치
▫ 에그타르트	▫ 머핀	▫ 추로스	▫ 번
▫ 크로플	▫ 와플	▫ 마들렌	▫ 치즈케익

2) 음료가격

음료가격 책정방법

음료 원가 × 3 = 최소 판매가격(16oz컵 기준)

예 1) 원두 1kg 20,000원(1g=20원)을 구매해서 **아메리카노** 제조

- 원두 20g + 물 + 테이크아웃 용기(컵, 리드, 스틱, 홀더) × 3(공과금, 인건비, 임대료)

    (400원)   +   (200원)

    (400+200) × 3 = 1,800원 ➡ **최소판매금액 2,000원**

예 2) 원두 1kg 20,000원(1g=20원)을 구매해서 **카페라떼** 제조

－ (원두 20g + 우유 250ml + 테이크아웃 용기) × 3
   (400원)   (500원)   (200원)

   (400+500+200) × 3 = 3,300원 ➡ **최소판매금액 3,500원**

* 라떼에 시럽 or 소스 추가되는 메뉴(바닐라라떼, 카페모카 등)에는 **500원 추가** 적용

3) 레시피

Coffee Menu

원두 선정

① 원두 산지별 특징의 이해
② 블렌딩 계획 수립
③ 커핑 테스트

장비세팅

① 그라인더 세팅

   1샷 : 7~8g 원두를 담아 20~30초 동안 30ml 추출될 수 있도록 입자를 세팅한다.

② 커피머신 세팅

   매뉴얼 버튼별 계획된 추출량 세팅

③ 핫디스펜서 물량 세팅

   레시피 완성 전까지는 수동으로 사용하고 레시피 확정되면 물량 세팅 완료

컵 사이즈 선택

① Hot 음료와 Ice 음료 사이즈 결정
② Hot 음료는 컵 용량의 80%로 레시피 제작

   14oz ➡ 420ml ➡ 80%인 336ml로 대략 340ml로 제작

③ 레시피 폼 작성

카페 메뉴명

Date. _____

TYPE1	재료 :		맛평가	
사용커피 :	원가 :		커피맛	☆☆☆☆☆
컵 사이즈 :	시럽(소스) :		우유맛	☆☆☆☆☆
커피 담은 양/추출량 :	시럽(소스)양 :		바디감	☆☆☆☆☆
물(우유) 양 :	사용우유 :		밸런스	☆☆☆☆☆
맛평가 :			향미	☆☆☆☆☆

제조방법

여러 가지 TYPE으로 음료 레시피 테스트

사용커피 : 각 산지별 블렌딩을 해서 표시하거나 완제품일 경우 사용 브랜드 표시

원가 : 위 음료가격 책정방법 참조

시럽(소스) : 시럽 및 소스가 들어가는 음료는 사용 브랜드 작성

컵 사이즈 : 사용할 컵 사이즈 표기

커피 담은 양 / 추출량 : 커피 분쇄가루 담은 양과 총추출량 표시

물(우유) 양 : 총량에서 커피 양을 뺀 나머지

사용우유 : 사용우유 브랜드 작성

맛평가 : 음료의 종합적인 맛 표시

제조방법 : 음료의 제조방법을 순서대로 작성

아메리카노(Americano)

Date.

TYPE1	재료 : 커피+물(총 340ml)	
사용커피 : 콜롬비아(40%)+브라질(60%)		원가 :
컵 사이즈 : 14oz		시럽(소스) :
커피 담은 양/추출량 : 16g / 2샷(60ml)		시럽(소스)양 :
물(우유) 양 : 280ml		사용우유 :
맛평가 : 중간정도의 바디감과 신맛과 쓴맛의 밸런스가 좋음		

맛평가	
신맛	★★☆☆☆
쓴맛	★★★☆☆
바디감	★★★☆☆
향	★★☆☆☆
밸런스	★★★★☆

TYPE2	재료 : 커피+물(총 340ml)	
사용커피 : 콜롬비아(40%)+브라질(60%)		원가 :
컵 사이즈 : 14oz		시럽(소스) :
커피 담은 양/추출량 : 16g / 2샷(80ml)		시럽(소스)양 :
물(우유) 양 : 280ml		사용우유 :
맛평가 : 묵직한 바디감과 구수한 쓴맛이 좋음		

맛평가	
신맛	★★☆☆☆
쓴맛	★★★★☆
바디감	★★★★☆
향	★★☆☆☆
밸런스	★★★☆☆

제조방법

Hot : 14oz컵에 물 260ml 담고 커피 2샷(80ml) 추출 후 위에 부어준다.

Ice : 16oz컵에 얼음 가득 채우고 물 80% 담고 커피 2샷(80ml) 추출 후 위에 부어준다.

카페라떼(Cafe Latte)

Date. _____

TYPE1	재료 : 커피+우유(총 340ml)	
사용커피 : 콜롬비아(40%)+브라질(60%)		원가 :
컵 사이즈 : 14oz		시럽(소스) :
커피 담은 양/추출량 : 16g / 2샷(80ml)		시럽(소스)양 :
물(우유) 양 : 260ml		사용우유 :
맛평가 : 커피의 고소함과 부드러운 우유의 밸런스가 좋음		

맛평가	
커피맛	★★★☆☆
우유맛	★★☆☆☆
바디감	★★★☆☆
밸런스	★★★☆☆
후미	★★★☆☆

제조방법

Hot : 14oz컵에 커피 2샷(80ml) 추출 후 우유 260ml 스티밍해서 위에 부어준다.

Ice : 16oz컵에 얼음 가득 채우고 우유 80% 담고 커피 2샷(80ml) 추출 후 위에 부어준다.

바닐라라떼(Vanilla Latte)

Date.

TYPE1	재료 : 커피+우유+바닐라시럽(총 340ml)	
사용커피 : 콜롬비아(40%)+브라질(60%)		원가 :
컵 사이즈 : 14oz		시럽(소스) : 1883
커피 담은 양/추출량 : 16g / 2샷(80ml)		시럽(소스)양 : 30ml
물(우유) 양 : 230ml		사용우유 :
맛평가 : 커피의 고소함과 바닐라시럽의 향미가 잘 어우러짐		

맛평가	
커피맛	★★★☆☆
우유맛	★★☆☆☆
바디감	★★★☆☆
밸런스	★★★☆☆
후미	★★★☆☆

제조방법

Hot : 14oz컵에 스텐 계량컵에 시럽 30ml 담고 커피 2샷(80ml) 추출하여 섞은 후 우유 230ml 스티밍 해서 위에 부어준다.

Ice : 16oz컵에 얼음 가득 채우고 우유 70% 담고 스텐 계량컵에 시럽 30ml 담고 커피 2샷(80ml) 추출 후 섞어서 위에 부어준다.

Latte Menu(녹차, 홍차, 초코, 오곡, 고구마, 단호박 등)

① 파우더, 티시럽, 페이스트를 이용한 레시피 테스트

② 각 티의 종류(녹차, 홍차 등) 선택

③ 각 원료의 브랜드 선택

라떼 메뉴명

Date.

TYPE1	재료 :		맛평가	
컵 사이즈 :	원가 :		원료맛	☆☆☆☆☆
사용브랜드 :	설탕시럽 양 :		우유맛	☆☆☆☆☆
원료량/물 양 :	원료 총량 :		단맛	☆☆☆☆☆
우유 양 :	사용우유 :		밸런스	☆☆☆☆☆
맛평가 :			후미	☆☆☆☆☆

제조방법

여러 가지 TYPE으로 음료 레시피 테스트

원가 : 위 음료가격 책정방법 참조

사용 브랜드 : 사용할 원료의 브랜드 작성

컵 사이즈 : 사용할 컵 사이즈 표기

원료량/물 양 : 원료와 물을 희석시키거나 티를 우려낼 때의 양 표시

우유 양 : 총량에서 커피 양을 뺀 나머지

사용우유 : 사용우유 브랜드 작성

맛평가 : 음료의 종합적인 맛 표시

제조방법 : 음료의 제조방법을 순서대로 작성

녹차라떼 1

Date.

TYPE1	재료 : (제주한라녹차)원료+우유		맛평가	
컵 사이즈 : 14oz	원가 :		원료맛	★★★★☆
사용브랜드 : 세미기업	설탕시럽 양 :		우유맛	★★☆☆☆
원료량/물 양 : 파우더30g / 물30ml	원료 총량 : 60ml		단맛	★★★★☆
우유 양 : 280ml	사용우유 : 밀크마스터		밸런스	★☆☆☆☆
맛평가 : 녹차의 향미는 강하나 후미가 텁텁하고 달다.			후미	★☆☆☆☆

제조방법

Hot : 14oz컵에 파우더 30g과 뜨거운 물 30ml를 부어 섞은 후 우유 280ml 스티밍해서 위에 부어준다.

Ice : 16oz컵에 얼음 가득 채우고 우유 80% 담고 계량컵에 파우더 30g과 뜨거운 물 30ml를 부어 섞은
후 부어준다.

녹차라떼 2

Date.

TYPE2	재료 : (보성녹차)원료+우유		맛평가	
컵 사이즈 : 14oz	원가 :		원료맛	★★★★☆
사용브랜드 : 보성	설탕시럽 양 : 20ml		우유맛	★★★☆☆
원료량/물 양 : 잎차 5g / 물 150ml	원료 총량 : 120ml		단맛	★★☆☆☆
우유 양 : 200ml	사용우유 : 밀크마스터		밸런스	★★★★☆
맛평가 : 적절한 단맛이 차의 향미를 살려주며, 후미가 깔끔하다.			후미	★★★★☆

제조방법

Hot : 계량컵에 잎차 5g과 뜨거운 물 150ml, 설탕시럽 20ml를 섞어 3분 우린 후 티를 걸러낸 다음
우유 200ml와 함께 스티밍해서 14oz컵에 부어준다.

Ice : 16oz컵에 얼음 가득 채우고 우유 60% 담고 계량컵에 잎차 5g과 뜨거운 물 150ml, 설탕시럽
20ml를 섞어 3분간 우린 후 티를 걸러낸 뒤에 부어준다.

홍차라떼

Date. _____

TYPE2	재료 : (얼그레이)원료+우유
컵 사이즈 : 14oz	원가 :
사용브랜드 : 트와이닝	설탕시럽 양 : 20ml
원료량/물 양 : 잎차 5g / 물 150ml	원료 총량 : 120ml
우유 양 : 200ml	사용우유 : 밀크마스터
맛평가 : 적절한 단맛이 차의 향미를 살려주며, 후미가 깔끔하다.	

맛평가	
원료맛	★★★★☆
우유맛	★★★☆☆
단맛	★★☆☆☆
밸런스	★★★★☆
후미	★★★★☆

제조방법

Hot : 계량컵에 잎차 5g과 뜨거운 물 150ml, 설탕시럽 20ml를 섞어 3분 우린 후 티를 걸러낸 다음
우유 200ml와 함께 스티밍해서 14oz컵에 부어준다.

Ice : 16oz컵에 얼음 가득 채우고 우유 60% 담고 계량컵에 잎차 5g과 뜨거운 물 150ml, 설탕시럽
20ml를 섞어 3분 우린 후 티를 걸러낸 다음 부어준다.

Tip : 얼그레이, 잉글리쉬브렉퍼스트, 아쌈, 실론, 다즐링 등 다양한 잎차로 테스트

고구마라떼

Date.

TYPE1	재료 : (고구마페이스트)원료+우유		맛평가	
컵 사이즈 : 14oz	원가 :		원료맛	★★★★☆
사용브랜드 : 세미기업	설탕시럽 양 :		우유맛	★★★☆☆
원료량/물 양 : 고구마페이스트 80g	원료 총량 : 80ml		단맛	★★☆☆☆
우유 양 : 260ml	사용우유 : 밀크마스터		밸런스	★★★★☆
맛평가 : 진한 고구마의 맛과 깔끔한 여운이 특징			후미	★★★★☆

제조방법

Hot : 우유 200ml와 함께 고구마페이스트 80g을 같이 스티밍해서 14oz컵에 부어준다.

Ice : 16oz컵에 얼음 가득 채우고 블렌더 볼에 우유 200ml 담고 고구마페이스트 80g을 섞어 블렌더로 믹싱 후 아이스컵에 부어준다.

Tip : 고구마, 단호박, 밤 등 페이스트 제품을 이용하면 보다 고급스러운 맛을 낼 수 있다.

Ade Menu(레몬, 블루레몬, 자몽, 딸기, 복숭아 등)

① 수제 과일청을 이용한 재료 준비

② 레몬/라임/청귤(슬라이스) : 껍질째로 청을 담그기 때문에 베이킹파우더와 식초 물로 깨끗이 씻어 슬라이스로 썰어 준비한다.

③ 자몽/오렌지(과육 분리) : 과육을 음료와 같이 터트리면 음용할 수 있도록 과육만 분리한다.

④ 딸기/복숭아(큐브) : 스무디 빨대로 과육이 통과할 수 있는 사이즈로 큐브로 썰어 준비한다.

⑤ 준비된 재료와 백설탕을 1:1 비율로 겹겹이 쌓아올리며 담는다.

에이드 메뉴명

Date.

TYPE1	재료 : ( )원료+탄산수+얼음
컵 사이즈 :	원가 :
사용브랜드 :	설탕시럽 양 :
원료량/탄산수 양 :	원료 총량 :
탄산수 :	
맛평가 :	

맛평가	
원료맛	☆☆☆☆☆
탄산맛	☆☆☆☆☆
단맛	☆☆☆☆☆
밸런스	☆☆☆☆☆
후미	☆☆☆☆☆

제조방법

여러 가지 TYPE으로 음료 레시피 테스트

원가 : 위 음료가격 책정방법 참조

사용브랜드 : 사용할 원료의 브랜드 작성

컵 사이즈 : 사용할 컵 사이즈 표기

원료량/탄산수 양 : 원료와 탄산수의 양 표시

탄산수 : 사용 탄산수 브랜드 작성

맛평가 : 음료의 종합적인 맛 표시

제조방법 : 음료의 제조방법을 순서대로 작성

레몬에이드

Date. _____

TYPE1	재료 : (수제레몬청)원료+탄산수+얼음

		맛평가	
컵 사이즈 : 16oz	원가 :	원료맛	★★★★☆
사용브랜드 : 수제청	설탕시럽 양 :	탄산맛	★★★★☆
원료량/탄산수 양 : 청 80g/탄산 180ml	원료 총량 : 260ml	단맛	★★☆☆☆
탄산수 : 초정(플래인)탄산수		밸런스	★★★★☆
맛평가 : 풍부한 탄산과 상큼한 레몬의 조화가 좋음		후미	★★★★☆

제조방법

16oz 아이스컵에 얼음 가득 담고 탄산수 180ml를 부어준 후 수제청 80ml와 슬라이스 조각을 넣어준다.
Tip : 탄산수는 180ml 캔에 담긴 걸 하나씩 새로 따서 사용해야 탄산이 풍부하다.

Smoothie Menu(딸기, 블루베리, 망고, 요거트, 유자 등)

① 스무디 액 또는 냉동과일 재료 준비
② 스무디 액은 메뉴 제조가 편리하긴 하나 브랜드별 색상 및 맛이 상이하므로 테스트 후 사용 브랜드 결정
③ 냉동과일은 인터넷마켓, 오프라인마켓(코스트코, 빅마켓, 이마트, 롯데마트 등) 구매 시 크기와 과일의 단맛을 테스트한 후에 결정

스무디 메뉴명

Date.

TYPE1	재료 : ( )원료+탄산수+얼음

컵 사이즈 :	원가 :
사용브랜드 :	스무디액(설탕) 양 :
얼음양 :	냉동과일 양 :
우유양 :	사용우유 :
맛평가 :	

맛평가	
원료맛	☆☆☆☆☆
우유맛	☆☆☆☆☆
단맛	☆☆☆☆☆
밸런스	☆☆☆☆☆
농도	☆☆☆☆☆

제조방법

여러 가지 TYPE으로 음료 레시피 테스트

원가 : 위 음료가격 책정방법 참조

사용브랜드 : 사용할 원료의 브랜드 작성

컵 사이즈 : 사용할 컵 사이즈 표기

원료량/탄산수 양 : 원료와 탄산수의 양 표시

탄산수 : 사용 탄산수 브랜드 작성

맛평가 : 음료의 종합적인 맛 표시

제조방법 : 음료의 제조방법을 순서대로 작성

딸기스무디 1

Date.

TYPE1	재료 : (후루티 딸기스무디액)원료+우유+얼음	
컵 사이즈 : 16oz	원가 :	
사용브랜드 : 코스트코	스무디액(설탕) 양 : 120ml	
얼음 양 : 240g	냉동과일 양 :	
우유 양 : 120ml	사용우유 : 밀크마스터	
맛평가 : 인공적인 딸기향과 단맛이 강해 후미가 텁텁함		

맛평가	
원료맛	★★★☆☆
우유맛	★★☆☆☆
단맛	★★★★☆
밸런스	★★☆☆☆
농도	★★★★☆

제조방법

블렌더 볼에 스무디액 120ml와 얼음 240g, 우유 120ml를 넣고 블렌더로 갈아준다.

딸기스무디 2

Date.

TYPE2	재료 : (냉동딸기)원료+우유+얼음	
컵 사이즈 : 16oz	원가 :	
사용브랜드 : 보성	스무디액(설탕) 양 : 20g	
얼음 양 : 80g	냉동과일 양 : 200g	
우유 양 : 200ml	사용우유 : 밀크마스터	
맛평가 : 적절한 단맛이 딸기의 풍미를 좋게 해 깔끔함		

맛평가	
원료맛	★★★★☆
우유맛	★★★☆☆
단맛	★★☆☆☆
밸런스	★★★★☆
농도	★★★★☆

제조방법

블렌더 볼에 냉동딸기 200g과 얼음 80g, 설탕 20g, 우유 200ml를 넣고 블렌더로 갈아준다.

Tip : 냉동딸기 자체가 얼음으로 되어 있어 얼음 양이 줄어야 하며, 과일의 풍미를 더해주기 위해 설탕을 추가한다.

5. 전망과 판매전략 및 마케팅전략

1) 전략(Strategy)

판매전략에는 상품의 판매 촉진전략을 세워 차별화된 운영방안이 마련되어야 한다.

> ❖ 배달의민족, 요기요, 쿠팡잇츠 등 배달 패키지상품 판매
> ❖ 수제청(레몬, 자몽, 유자 등) 및 드립백 제작 판매
> ❖ 직접 로스팅(Roasting)한 신선한 원두 판매
> ❖ 테이크아웃 음료 할인
> ❖ 커피원두 선택으로 고객의 취향(taste) 만족
> ❖ 현대인의 관심을 반영한 디톡스(Detox) 음료 제조 판매
> ❖ 클래스 룸 구비로 다양한 취미모임 구성

2) 마케팅(Marketing)

마케팅 전략은 전술(marketing tactics)에 대립되는 개념으로서, 수요·경쟁·유통기구 마케팅 관계법규 및 비(非)마케팅 비용 등과 같이 기업으로서 통제가 불가능하거나 사회적·경제적·문화적 요인으로 구성된 동태적인 마케팅 환경의 변동에 대해 창조적으로 적응하기 위해 보다 장기적이고 대국적인 관심에서 설정하는 주요 방침을 말한다. 즉, 마케팅 정책결정의 과학적 사용을 말하는 것으로, 이것은 각각의 경영이나 상품에 따라 다르다. 예를 들면 당해 기업 혹은 상품이 어느 시기 즉 개척기·안정기 또는 쇠퇴기에 있는가에 따라서 마케팅전략은 달라지게 된다.

그러므로 각 기업은 독자적인 마케팅전략을 세울 필요가 있다.

오늘날의 마케팅은 단지 정적인 마케팅 정책으로서가 아니라, 활동적·종합적 그리고 장기적 계획성을 가진 마케팅전략으로써 수행되지 않으면 안 되는데, 이것은 일반적으로 다음의 3그룹으로 나눌 수 있다. 즉 ① **상품정책**, ② **판매촉진정책**, ③ **판매경로정책**이다.

① 상품정책

상품정책의 포인트는 오늘날 마케팅의 개념인 고객지향 또는 시장지향에 두게 된다. 즉, 소비자의 욕구에 적합한 상품을 생산하거나 구입하는 데 주안점을 두는 것이다. 그러나 오늘날과 같은 생활수준의 향상과 생활관습의 근대화에 의해 소비자의 필요욕구가 복잡고도화되고 상품의 범위가 질적·양적으로 확대하고 있는 현실에 비추어볼 때 소비자에게 적합한 상품을 만든다는 것은 그렇게 쉬운 일이 아니며, 바로 이 점에서 고객지향적 상품정책이 필요하다.

② 판매촉진정책

판매촉진정책이란 소비자 혹은 사용자에 영향을 주어 자사(自社)의 상품을 사도록 하기 위한 마케팅활동으로서, 판매촉진의 기본은 수요의 환기와 자극이다.

③ 판매경로정책

상품·제품 혹은 서비스를 판매하는 데 관여하는 회사 내부의 판매조직, 회사 외부의 대리점 및 판매점·소비업자 등의 조직구성을 말한다. 즉, 상품을 소비자 또는 사용자에게까지 유통시키기 위한 판매경로의 선택·육성 및 감독에 관한 마

케팅 활동으로서, 마케팅전략의 기본이 되는 것은 판매경로의 조직화·계열화의
문제이다.

(1) 온라인 마케팅

① 무료

☑ 네이버 지역 업체 등록(https://smartplace.naver.com/)
☑ 다음 검색등록(https://register.search.daum.net/index.daum)
☑ 구글 마이비즈니스 등록(https://www.google.com/intl/ko_kr/business/)
☑ 네이버 무료홈페이지 modoo 제작(https://www.modoo.at/home)
☑ 인터넷 카페, 블로그 제작
☑ 페이스북, 트위터, 인스타그램 등 SNS 활용

② 유료

☑ 지역 케이블 광고
☑ 페이스북 비즈니스 광고(https://www.facebook.com/business/ads)
☑ 네이버 비즈니스 광고(https://business.naver.com/service.html)
☑ 카카오 비즈니스 광고(https://business.kakao.com/)

(2) 오프라인 마케팅

☑ 현수막, 배너 제작
☑ 전단지 및 할인쿠폰 제작
☑ 드립백 or 텀블러 제작
☑ 음료 시음 행사 및 할인 행사

6. 기술 분석, 운영장비, 인력준비

1) 기술 분석 : Cafe 운영장비　　　　　　　　　　　　[예시]

NO	상품명	제원	수량	단 가
1	비비엠커피머신 	mod.Lollo 2g 전압 : 220V/60Hz/1 전력 : 4,000W W*D*H : 760*620*515mm 무게 : 75kg	1	₩
2	치아도 자동그라인더	mod. E37S(자동) 전압 : 220V/60Hz/1 전력 : 400W W*D*H : 210*280*550mm Blade diam : 83mm	1	₩

NO	상품명	제원	수량	단 가
3	림피오제빙기	mod. SL90A 전압 : 220V/60Hz/1 W*D*H : 520*630*900mm 무게 : 58kg 생산능력 : 48kg 저장능력 : 25kg	1	₩
4	쇼케이스	페어유리, 사각형태, 블랙 디지털제어, LED W*D*H : 900*650*1200mm 전력 : 650W	1	₩
5	냉장, 냉동테이블	1500*700*850mm	1	₩

NO	상품명	제원	수량	단 가
6	브리타 자동온수기		1	₩
7	바이타 믹서	콰이트원	1	₩
		볼 추가	1	₩

2) 원재료 및 소모품 　　　　　　　　　　　　[예시]

NO.	제품명	수량	단가	합계
1	에스프레소잔 세트	12	₩	₩
2	카푸치노잔 세트	12	₩	₩
3	라떼잔 세트	6	₩	₩
4	쟁반(논슬립 원형)14 갈색	10	₩	₩
5	에스프레소용 티스푼	10	₩	₩
6	카푸치노용 티스푼	10	₩	₩
7	리비글라스 DOVER 163ml 6p	2	₩	₩
8	카파휘핑기	2	₩	₩

NO.	제품명	수량	단가	합계
9	행주 M	100	₩	₩
10	리넨	20	₩	₩
11	샷테스트잔(글라스)	8	₩	₩
12	벨크리머(스텐) 3oz	4	₩	₩
13	상의 앞치마	12	₩	₩
14	시럽 1883(바닐라, 카라멜, 초코)	3	₩	₩
15	소스(카라멜, 초코)	2	₩	₩
16	탬퍼	2	₩	₩
17	넉박스	2	₩	₩
18	탬퍼받침	2	₩	₩
19	스팀피처600	12	₩	₩
20	1883 소스펌프	2	₩	₩
21	1883 시럽펌프	3	₩	₩
22	퓨리 머신세척제 570g	1	₩	₩
23	13온스 종이컵 BOX	1	₩	₩
24	13온스 종이컵 뚜껑(백) BOX	1	₩	₩
25	13온스 종이홀더 BOX	1	₩	₩
26	16온스 아이스컵 BOX	1	₩	₩
27	16온스 아이스컵 뚜껑(돔) BOX	1	₩	₩
28	16온스 아이스컵 홀더 BOX	1	₩	₩
29	청소솔	2	₩	₩
30	휘핑가스	1	₩	₩
31	투명 소스통 8oz	4	₩	₩
32	스틱, 스트로, 디스펜서	1	₩	₩
33	물피처 2L	2	₩	₩
34	아이스크림 스쿱(16)	1	₩	₩

NO.	제품명	수량	단가	합계
35	바스푼(소)	2	₩	₩
36	계량스푼	2	₩	₩
37	거품스푼	2	₩	₩
38	드립세트	12	₩	₩

3) 인테리어

인테리어 계약 시 주의사항 6가지

1. 철저한 계약서 작성
2. 잔금은 반드시 검수 완료 후에 지급
3. 하자이행 보증보험 가입 요청
4. 계약업체가 시공주체인지 반드시 확인
5. 시공실적이 많은 업체 선택
6. 신생업체는 가급적 피하기

(1) 철저한 계약서 작성은 필수

계약서에 시공자재, 시공 완료일, 금액, 하자보수 책임 및 기한 등은 반드시 기재한다.

인테리어 계약 후 불미스러운 일이 발생할 경우 법적으로 증빙되는 것이 바로 계약서이다.

따라서 계약서 작성은 아래를 참고해서 최대한 꼼꼼히 작성한다.

- 중요도가 큰 자재들에 대해서는 모델명을, 시공 완료일 및 미준수에 따른 배상 조건을 기재
- 계약금, 중도금, 잔금에 대한 지급조건 및 일자, 추가비용 발생여부 기재
- 검수 후 하자보수 요청에 따른 재시공 여부 및 하자 보증기간 등을 기재

   ※ 견적서는 대부분 꼼꼼히 적는 반면 계약서는 간략하게 적는 경우가 많은데
      이런 경우 문제 발생 시 해결이 어려우니 반드시 계약서는 꼼꼼히 작성한다.

(2) 잔금은 반드시 검수 완료 후에 지급

잔금은 검수 완료 후에 지급하도록 하며, 검수기간은 시공 완료 후 최소 1~2일 이상 요구하는 것이 좋다.

시공이 끝났다고 하면 대충 훑어보고 잔금을 지급하는 경우가 많은데 잔금을 지급한 이후에는 업체가 소비자의 하자보수 요청에 소극적일 수밖에 없다.

(일부 업체들은 하자보수 요청에 미온적이거나 아예 연락을 끊어버리는 경우가 있으니 주의한다.)

검수 시행 시 하자가 보이면 재시공을 요청하고 만족스럽게 시공이 완료된 후에 잔금을 지급한다.

(3) 하자이행 보증보험 가입 요청

시공금액이 큰 경우에는 하자이행 보증보험 가입을 요청하는 것도 좋은 방법이다.

하자이행 보증보험은 공사 완료 후 일정기간 내에 발생할지 모르는 하자에 대비하기 위한 것이다.

인테리어 업체가 보수책임을 회피할 경우 보험사에 대금을 청구할 수 있다. 보험금액은 시공금액에 따라 적당한 금액을 요청하기 바란다.

(4) 계약업체가 시공주체인지 반드시 확인

간혹 계약업체와 시공업체가 다른 경우가 있다.

바로 하도급을 주는 경우이다.

이런 하도급 방식은 **재하청에 따른 저가의 부실시공 가능성이 매우 크므로 반드시 시공업체가 최초 계약업체인지 확인해야 한다.**

(5) 시공실적이 많은 업체 선택

각 인테리어 업체들은 전문 분야가 있다.

아파트 인테리어는 아파트 인테리어 시공경험이 많은 업체, 상업인테리어는 상업인테리어 시공 경험이 많은 업체를 선택하는 것이 좋다.

각 업체들은 전문분야가 다른 경우가 많으므로 시공대상의 시공실적이 많은 업체를 선택하는 것이 현명한 업체선택의 방법이다.

간혹 지인이 운영하는 업체나 소개받은 업체와 계약하면 더 믿을 수 있을 것이라고 생각하는 분이 많지만 이는 오히려 소비자의 정당한 권리를 행사하는 데 제약을 받을 뿐이다.

(6) 신생업체는 가급적 피하기

하자가 많은 업체들은 문제가 발생하면 폐업을 하고 다시 사업자 등록을 하는 경우가 많다.

따라서 **사업자등록일을 확인하여 가급적 신생업체는 피하는 게 좋다.**

인테리어 업계는 진입장벽이 낮기 때문에 폐업과 영업을 반복하는 경우가 많다.

물론 새로 창업한 업체의 경우 의욕적으로 시공에 만전을 기하는 경우도 있을 수 있겠지만 시공경험도 시공능력의 일부분인 만큼 신중하게 결정하기 바란다.

4) 운영인력

정규직과 파트타이머의 효율적인 운영이 필요하다.

(1) 정규직 채용

정규직 채용은 1일 근로시간과 1주간 근로시간을 준수해야 하며, 추가 근무 시 시간당 수당을 지급해야 한다.

근로자를 사용하는 모든 사업장은 4대 보험 가입의무가 있다. 4대 보험은 연금보험, 건강보험, 산업재해보상보험, 고용보험이다.

(2) 파트타이머(일용근로자) 채용

파트타이머 채용은 동 시간대 1인의 정규직원이 음료 제공이 힘든 시간대(점심시간, 주말 등)에 효율적으로 기획해서 운영해야 한다.

1일 단위로 근로계약을 체결하거나 1개월 미만 동안 고용되는 근로자는 고용보험, 산재보험에 의무가입해야 한다. 단, 1개월 이상 근무하면서 월 8일 이상 or 월 60시간 이상 근무한 경우, 예외적으로 연금보험, 건강보험 가입대상이다.

5) 원재료 공급방법

과일 : 청과시장에서 구매

시럽, 소스, 파우더 : 온라인 마켓 구매

커피원두 : 생두 구매 후 직접 로스팅

디저트 : 반제품 구매

6) 외주업체

원재료 공급업체(식자재 구매업체)

운영장비 A/S업체(커피머신 및 냉동, 냉장 수리업체)

부자재 공급업체(1회용기)

7. 재무준비 및 재무설계

1) 소요자금 추정

'창업경영 신문'에서 발표한 사업 자금 규모 조사 결과에 따르면 자영업자의 71.2%가 5,000만 원 미만의 사업 자금으로 창업하는 것으로 조사되었고, 1억 미만의 사업 자금으로 창업하는 사업자를 포함하면 90%가 넘는 것으로 조사되었다.

그렇다면 5,000만 원 미만 소자본을 가지고 카페창업이 가능할까?

지금부터 소규모 카페창업에 드는 비용이 얼마인지 투자금과 창업 절차를 알아보자.

카페의 경우 유동인구와 밀접한 관계가 있는 업종이다 보니 대로변이나 중심상권이 유리할 수밖에 없으며, 이런 입지조건의 경우 임대료와 월세를 제외하더라도 권리금과 시설 투자비용 등이 들어가기 때문에 최소 1억 이상은 있어야 카페창업이 가능하다.

또한 카페는 커피라는 제품보다는 고객들의 경험을 통해 재방문이 이루어지고 매출이 오르는 업종이다 보니 창업에 있어서 고객의 만족을 이끌어내는 것이 가장 중요하다.

서비스와 제조기술, 매장 관리 등 다양한 분야에 대한 전문성과 실력이 필요하다는 걸 알아야 한다.

그렇다고 소자본으로 카페창업이 불가능한 것도 아니기 때문에 철저한 시장조사와 전문성을 가지고 준비해야 한다.

(1) 소규모 카페창업 비용(예시)

유동인구가 많고 기본 매출이 보장된 지역 상권이나 초역세권, 핫플레이스 지역의 경우 바닥 권리금이 최소 5,000만 원에서 1억 이상 형성되어 있으므로 이런 상권은 제외하고, 소규모 개인 카페를 기준으로 살펴보도록 하겠다.

☑ 서울, 수도권 동네상권 기준 10평에서 15평 카페 기준
☑ 보증금 : 2,000~3,000만 원 / 권리금 1,000~2,000만 원
☑ 임대료 : 150만 원

기존 상권이 형성되어 있지 않은 신규 상가는 권리금이 없기 때문에 초기 투자금이 저렴할 수 있지만 상권이 보장되지 않아 손익분기점까지 도달하기 위해서는 오랜 시간 매출 때문에 힘들 수 있다.

　상권은 형성되어 있지만 위치상 이면도로에 위치했거나, 운영했던 사업주의 실수로 폐업한 카페를 인수하는 경우 저렴한 권리금 또는 권리금 없이 인수할 수도 있으니 참고하기 바란다.

(2) 카페 인테리어 비용

　카페는 곧 인테리어라는 말이 있을 정도로 카페 인테리어는 카페창업의 가장 중요한 투자 요소이며, 인테리어의 좋고, 나쁨에 따라 투자비용 중 많은 부분을 차지한다. 카페창업에 있어서 가장 많은 자금이 투자되는 것이 인테리어 부분이다.

　그러나 소호 카페창업을 하는 데 있어서 평당 몇 백만 원씩 하는 인테리어는 생각하지도 말고 인터넷 셀프 인테리어 리뷰 또는 셀프 인테리어 영상 등을 통해 직접 인테리어하는 것을 추천한다.

　인테리어는 기존 인테리어를 참고하고 기술적인 부분은 별도 견적을 받아 시공하기 바란다. 최근에는 다양한 인테리어 커뮤니티와 앱이 출시되어 입맛에 맞는 인테리어를 저렴한 비용에 할 수 있다.

　소규모 카페의 인테리어 비용은 평당 100~150만 원선을 넘지 않도록 하는 게 좋다.

☑ 10평 기준 평당 약 100만 원에서 150만 원선

(3) 카페 시설 투자비용

소규모 카페의 시설 투자는 본인의 역량과 전문성에 따라 조금씩 다르겠지만 기본적으로 커피 머신, 그라인더, 블렌더, 온수기(핫 디스펜서), 제빙기, 냉장고, 쇼케이스 등이 있고 여기에 평수에 맞는 테이블과 의자 정도라고 볼 수 있다.

테이블과 의자의 경우 여유 있게 12개의 의자와 6개의 테이블로 구성하고 테이크 아웃을 위주로 구성해야 회전 효율성이 높아진다.

의자와 테이블의 경우도 발품을 팔면 충분히 만족스러운 중고제품을 저렴하게 구매할 수 있다.

○○ 마켓 앱이나 중고 카페 등을 통해 구매할 경우 직접 확인하고 물건을 받으면서 구매대금을 주는 꼼꼼함이 필요하다.

에어컨, 냉난방기의 경우 AS문제가 발생하지 않도록 믿을 수 있는 제품으로 AS가 쉽고 편한 브랜드 제품을 구매하기 바란다. 이 정도 구성인 경우 10평 기준 약 1,200만 원에서 1,400만 원 정도 예상해야 한다.

(4) 카페 오픈 초기 물량 및 잡비와 운영비

카페에서 판매할 메뉴에 맞는 부자재를 구매해야 하는데, 예를 들어 부자재를 판매하는 경우 판매할 부자재 재고까지 구매해야 한다.

☑ 초도 물량으로 구입하는 금액 대략 200만 원선

　카페 오픈 준비를 하는 동안 예정일보다 몇 주씩 늦어지는 경우가 많기 때문에 실제 생각지도 못했던 준비금이 필요할 때가 있다. 최소 2~3개월 매장 운영이 가능한 운영비와 기타 잡비를 책정해야 한다.

☑ 잡비와 운영비 최소 500만 원에서 800만 원

(5) 소규모 카페창업비용 합계

보증금	2,000~3,000만 원
권리금(타 업종일 경우)	1,000~2,000만 원
인테리어(10평 기준)	1,000~1,500만 원
시설투자	1,200~1,500만 원
초기 물량	200만 원
잡비와 운영비	500~800만 원
합계	5,900~9,000만 원
월세	150만 원

(6) 소규모 카페창업비용 줄이는 방법

☑ 권리금이 없는 지역을 우선 알아보고 시장조사를 통해 성장 가능성이 있는 상권을 선택한다.
☑ 가장 많은 비용을 차지하는 인테리어를 간소화한다.
☑ 시설 투자 시 발품을 팔아 중고 위주로 구매한다.
☑ 식료품이 아닌 부자재를 대량으로 구매해서 쌓아놓고 사용한다.
☑ 폐업이나 급매로 나온 카페를 인수한다.

8. 추정손익계산서

1) 추정손익계산서 작성 폼

(단위 : 천 원)

구분	실적		추정		
	연도	연도	연도	연도	연도
매출액					
매출원가					
기초제품(또는 상품) 재고액 당기제품제조원가 (또는 당기 상품매입액) 기말제품(또는 상품)재고액					
매출총이익					
판매비와 일반관리비					

구분	실적		추정		
	연도	연도	연도	연도	연도
급여 퇴직급여 복리후생비 임차료 접대비 감가상각비 무형자산상각비 세금과 공과비 광고선전비 연구개발비 대손상각비					
영업이익					
영업 외 수익					
이자수익 배당금수익					
영업 외 비용					
경상이익					
특별이익					
특별손실					
세전이익					
법인(소득)세 등					
당기순이익					

2) 추정손익계산서 작성내용

- 매출액 : 상품을 판매하고 용역을 제공한 대가로 얻는 수익으로서, 총매출액에서 매출할인, 매출환입 등을 차감한 금액

- 매출원가 : 재료비, 노무비, 경비 등의 비용으로 구성되며 업종에 따라 매출액의 40~60% 비율 수준으로 계산
- 매출총이익 : 매출액에서 매출원가를 차감한 금액
- 판매비와 일반관리비 : 제품(기술)의 판매활동 또는 기업의 관리 및 유지 활동과 관련하여 발생하는 비용이며 주로 관리/영업부문의 급여, 퇴직금, 복리후생비, 임차료, 세금과 공과금, 감가상각비, 접대비, 기타 경비로 구성되며 매출액의 20~30% 비율 수준으로 계산
- 영업이익 : 매출총이익에서 판매 및 일반관리비를 차감한 금액
- 영업 외 수익 : 일반적 상거래 이외에서 발생한 수익으로 수입 이자, 배당금, 유가증권처분이익, 외환차익, 잡수입 등으로 계산
- 영업 외 비용 : 일반적 상거래 이외에서 발생한 비용으로 지급이자, 할인료, 연구개발비상각, 대손상각, 유가증권 처분 손실, 외환차손, 기부금 등으로 계산
- 경상이익 : 경상 수입과 지출의 차액을 말한다.

  경상이익 = 영업이익 + 영업 외 수익 · 영업 외 비용
- 특별이익 : 비정상 · 비반복적으로 일어나며 발생빈도가 매우 낮은 이익이다. 자산수증이익, 채무면제이익, 보험차익, 기타의 특별이익 등
- 세전이익 : 영업이익과 영업 외 수익을 더하고 영업 외 비용을 뺀 금액
- 법인(소득세) 등 : 법인 또는 개인사업자의 소득을 과세대상으로 하여 부과하는 조세로서 세전이익의 10~20% 비율 수준으로 계산
- 당기순이익 : 세전이익에서 법인세 등을 차감해서 최종적으로 남는 금액

9. Risk 요인분석

1) 상권분석의 요인

구분		체크사항
입지조건	입지유형	나대지, 건물
	입지크기	매장규모를 경쟁력 측면에서 고려
	입지형태	전면 넓고 너무 깊지 않은 점포여건
	접도조건	접도조건, 도로폭, 횡단보도, 보행동선, 대기동선 등
	점포 출입환경	주출입구, 부출입구, 지하출입구 등
	입지위계	도심/부심, 지역/지구/근린, 교외권
접근성	교통 접근성	광역접근수단, 지하철, 자가용 접근여건, 버스정류장
	주차장여건	주차시스템, 주차접근성, 주차대수, 주차장 진출입 처리
	교통시설	건널목 위치, 지하도 여부, 일방통행 여부, 보행환경, 버스노선
	유동객 동선	교통시설 접근동선, 주요 업무시설 접근동선, 주거지 접근동선, 유동객 유인시설 입지여부

2) 업종별 상권 범위

① 판매업종

– 편의점 200~300m

– 문구점, 채소 · 과일가게 500m

– 안경점, 휴대폰점, 서점, 의류점, 제과점, 화장품, 스포츠용품 등 선매점, 고가품은 1~2km

② 식음/외식 업종

- 커피숍, 치킨, 분식, 호프 등 일반음식점 500m(배달업종은 1km 이상)
- 패스트푸드점, 전문한식점, 프랜차이즈(franchise) 음식점 등 전문음식업종 1~2km

③ 서비스업

- 세탁업 500m
- 노래방, PC방, 미용실 1~2km
- 골프연습장, 헬스장 등 건강 관련 업종 2~3km

3) 준비된 마케팅 전략

카페에서 무얼 파는지 다시 생각해 보자. 커피 등의 음료를 팔며, 공간도 대여한다. 커피만 파는 가게가 될 수도 있고 공간을 대여해 주면서, 커피와 가격을 같이 매기는 가게가 될 수도 있다. 정보통신과 SNS의 발달로 새로운 시장이 하나 추가되었다. 소위 인스타 핫플레이스 감성 카페가 그것이다. 고객들은 유명세 때문에 카페에 방문해서 감성을 소비하며, 퀄리티 대비 고가의 커피와 디저트를 구매한다. 근 10년 사이에 생겨난 새로운 시장이다.

마케팅의 기본 프로세스는 ① 시장세분화 ② 타깃시장 선정 ③ 포지셔닝 ④ 마케팅 믹스(4P)이다. 하지만 초보 자영업자들은 앞단의 STP 전략을 수립하지 않은 채, 마케팅 믹스 4P(Product, Price, Place, Promotion)에만 집착한다. 제대로 된 고객정의, 시장정의를 내리지도 않은 채, 맛은 어떻고 가격은 어떻고 홍보는 어디에 해야 할지를 고민한다. 마케팅의 시작은 고객정의에서 시작된다. 아무리 좋은 상품을 판다고 해도, 제대로 된 타깃고객이 없다면 장사는 성립되지 않는다.

카페를 창업한다면, 시장을 세분화하여 정의하고 누구한테 팔 것인가를 가장 먼저 고민해 봐야 한다. 만약 오피스 상권이라면, 2040 바쁜 직장인들을 타깃(target)으로 하여, 가성비 좋은 커피를 제공하는 전략이 무난하다. 오피스 상권에서는 과도하게 SNS 마케팅을 하며 비용을 지불할 필요가 없다. 매출은 점심시간에 이뤄지므로, 넓은 면적이 아닌 테이크아웃 위주의 효율적인 장소가 필요하며, 고정 고객 유치를 위해 쿠폰 같은 프로모션은 도움이 될 수 있다. 핫플레이스에 자리 잡은 개인카페라면, 멀리서 찾아오는 젊은 여성고객이 대다수이므로, SNS홍보에 사활을 걸고 커피맛보다 인테리어와 감성에 더욱 중점을 둬야 한다.

4) 시장의 경쟁력

(1) 저가형 커피매장

2015년 초 카페창업시장에서 가장 '핫'하게 떠오른 프랜차이즈(franchise) 창업아이템은 바로 저가 카페창업아이템이다. 저렴한 아메리카노 가격을 내세운 커피 전문점, 생과일 주스를 저렴하게 판매하는 주스 전문점 등 기존 프랜차이즈(franchise) 카페에서 판매하던 메뉴를 저렴한 가격에 박리다매로 판매하여 많은 수익을 거두고 있다. 일 커피 소비량이 2.6잔을 넘어가고 4,000~5,000원의 커피 가격에 부담을 느끼는 소비자들의 니즈를 반영해 기존 커피 시장에 새로운 반향을 일으키며 예비 창업자들에게 유망 창업아이템으로 꼽히고 있다.

대부분의 대형 프랜차이즈(franchise) 카페들은 높은 임대료와 인건비 때문에 적자 또는 겨우 현상 유지를 하고 있다. 이러한 와중 새로운 유망 창업아이템으로 떠오른 것은 바로 저가 카페창업이다.

저렴한 가격을 내세운 테이크아웃 위주의 저가 카페창업은 기존 커피 가격에 부담을 느낀 소비자들을 줄 세워 판매할 수 있을 거란 이유로 2015년에만 18개의 저가 커피 브랜드가 론칭(launching)되었으며 전국에서 매장을 오픈하고 있다. 하지만 하루 500~1,000잔의 음료를 팔아도 100만 원이 채 되지 못하는 매출은 기존 프랜차이즈(franchise) 카페와 비교해 몸은 더욱 고되지만 신경 써야 할 부분은 더욱 많고 유행에 민감한 국내 시장에서 저가 커피 전문점 창업에 대해 회의적인 평가도 있다.

무엇보다 중요한 건 매출대비 고정지출비(임대료, 인건비, 재료비, 공과금 등)를 산출하여, 저가형 커피 판매가 효율적인지 판단하는 것이다. 주변 상권과 금액 다운경쟁을 벌인다면 경쟁하는 모든 카페가 경영에 어려움을 겪을 수 있다.

음료의 원가가 30%를 넘지 않는 선에서 최소판매금액을 결정하고, 경쟁력 있는 메뉴 레시피(recipe)와 마케팅으로 고정고객을 유치하는 데 집중해야 한다.

(2) 지속적인 성장 아이템

단순히 일 매출, 소비자 수를 볼 것이 아니라 내 창업 아이템만의 경쟁력이 무엇인지, 올해 소비 트렌드(trend)는 무엇인지, 실질적인 순이익은 얼마나 되는지, 타 프랜차이즈(franchise) 회사에서 쉽게 카피가 가능할 것인지 등을 보고 유망 창업 아이템을 가려야 한다.

음료의 레시피(recipe)는 누구나 쉽게 카피할 수 있기 때문에 원재료의 차별화로 타 업체들이 갖지 못하는 자체 생산 센터 또는 디저트 개발을 통해 시그니처(signature) 아이템을 가질 수 있는, 꼭 그 브랜드를 가야 먹을 수 있는 상품을 만드는 것이 중요하다.

가성비 좋은 반제품들을 테스트한 후 선별하여 판매하거나, 쿠키나 간단한 디저트들을 꾸준히 배워 우리 매장만의 독특한 디저트를 만들어낼 수 있어야 한다.

후기 | 저자의 생각

더욱 치열해지는 카페창업 시장에서 기약 없는 광고에 현혹되지 않고 창업자들이 성공적인 창업을 하기 위해서는 사전 지식 습득이 가장 필수적인 요소가 될 것이다. 임대료가 저렴하면서 유동인구가 많은 곳은 없다. 상권은 그곳에 자리 잡은 사람들이 만들어 나가는 것이다. 주변에 대형 프렌차이즈 빵집이 있다면 그곳에서 판매하지 않는 종류의 디저트와 독특한 레시피(recipe)의 개발로 주변상권과의 경쟁이 아닌 서로 상생할 수 있어야 외부 사람들도 찾아올 수 있는 상권이 만들어질 것이다.

인테리어 공사를 진행하는 곳이면 이미 주변에서는 카페가 생긴다는 소문이 퍼져 있을 것이다. 그렇다면 신규고객을 유치하기 위해 판촉행사를 하거나 무료시식을 통해 무의미한 마케팅 비용을 낭비할 필요가 없다. 새로운 카페에 대한 궁금증으로 한번은 방문하게 되기 때문이다. 무엇보다 중요한 건 궁금증으로 방문한 고객을 재방문하게 만드는 것이다. 가장 많이 소비되는 아메리카노 음료를 기존 카페보다 기호에 맞게 선택할 수 있거나, 음료 구매 시 시그니처(signature) 메뉴 시음, 재방문을 유도하는 무료음료 쿠폰 등 충분한 레시피(recipe) 연구 개발로 차별화되어야 하며, SNS 감성의 인테리어와 포토존, 전문 바리스타가 운영하는 카페로 인식될 수 있도록 풍부한 실전경험과 지식 습득이 선행되어야 한다. 카페라떼 주문 시 완벽하고 다양한 라떼아트 패턴을 제공한다면, 주문고객은 음료를 제공받자마자 핸드폰을 꺼내 음료사진을 촬영하고 포토존에서 찍은 사진과 함께 SNS 업로드를 하게 될 것이다. 그렇게 된다면 이보다 확실한 SNS 마케팅은 없을 것이다.

저렴하게 판매하기보다 음료 한 잔 가격의 가치를 충분히 느낄 수 있도록 많은 노력과 공부가 있어야만 성공적인 카페를 유지할 수 있을 것이다.

마지막으로
바리스타로 취업하기 원하는 분에게 묻습니다.
"내가 사장이면 현재의 나를 채용할 것인가?"

창업을 준비하시는 분에게 묻습니다.
"사업계획서는 작성하셨나요?"

카페, 커피, 바리스타, 카페창업… 모두를 품다

커피는 기계가 만드는 게 아니라 사람이 만드는 것이다.

좋은 커피는 잘 추출하는 것보다 최고의 품종, 세심한 블렌딩, 올바른 로스팅이 선행되어야 한다.

카페는 쾌적한 인테리어와 규모보다 손님에게 감동을 줄 수 있어야 한다.

카페메뉴 레시피는 기본 가이드일 뿐, 카페만의 고유한 맛을 가져야 한다.

훌륭한 바리스타는 손님 개개인의 취향에 따른 에스프레소 커피를 추출해서 서비스할 수 있어야 한다.

이 책을 읽고 있는 당신은 이미 커피의 유혹에 빠졌을 것이다.

커피의 향기를 느끼며, 강한 에스프레소 커피 맛에 자극받고, 마술처럼 완성되는 라떼아트에 감동받고, 다양하면서 창조적인 레시피를 연구한다면 진정한 바리스타가 될 수 있을 것이다.

이용남

(주)한국바리스타산업진흥원 대표
한국바리스타스쿨 원장
윈디커뮤니케이션 대표
MBC디지털아카데미 원장
유컴디지털아카데미 원장
강서아카데미 원장
(사)한국평생능력개발원 자격검정운영위원
커피조리사 검정위원/심사위원
카페바리스타 검정위원/심사위원
대학연맹전 운영위원/심사위원
WBS월드바리스타스쿨 강서지부장
카페밀리그램 프랜차이즈 개발팀장
한국바리스타스쿨 서울지부장
강서바리스타아카데미 수석바리스타 트레이너
강서평생직업교육원 수석바리스타 트레이너
(주)한국식음료산업진흥원 운영위원장
(사)한국식음료외식조리교육협회 식음료분과위원
(주)코레일유통 커피심의위원

저자와의
합의하에
인지첩부
생략

카페 & 바리스타

2012년 8월 30일 초 판 1쇄 발행
2022년 9월 15일 제2판 1쇄 발행

지은이 이용남
사 진 (주)두리양행, (주)카파아이엔티
펴낸이 진욱상
펴낸곳 백산출판사
교 정 성인숙
본문디자인 구효숙
표지디자인 오정은

등 록 1974년 1월 9일 제406-1974-000001호
주 소 경기도 파주시 회동길 370(백산빌딩 3층)
전 화 02-914-1621(代)
팩 스 031-955-9911
이메일 edit@ibaeksan.kr
홈페이지 www.ibaeksan.kr

ISBN 979-11-6639-261-0 93570
값 23,000원